本书获河海大学研究生精品教材项目资助

水利水电系统规划与优化调度

方国华　黄显峰　金光球　等　编著

中国水利水电出版社
www.waterpub.com.cn
·北京·

内 容 提 要

本书系统介绍了水利水电系统规划与优化调度的基本理论、基本知识和相应的分析计算方法，内容包括：绪论、水利水电系统规划概述、水库调度基本知识、水库兴利调节与水能计算、水库常规调度、水库优化调度模型和求解算法、水库运行调度的实施、水电站厂内经济运行和水风光多能互补系统调度。

本书的编写力求深入浅出，通俗易懂，强化实际应用，便于读者学习和掌握，可作为水利水电类相关专业的研究生教学用书，也可作为水利水电工程规划、管理、调度及相关技术人员的参考书。

图书在版编目（CIP）数据

水利水电系统规划与优化调度 / 方国华等编著. --
北京：中国水利水电出版社，2023.9
ISBN 978-7-5226-1813-5

Ⅰ. ①水… Ⅱ. ①方… Ⅲ. ①水利水电工程－水利规划②水利水电工程－调度 Ⅳ. ①TV

中国国家版本馆CIP数据核字(2023)第183529号

书　　名	水利水电系统规划与优化调度 SHUILI SHUIDIAN XITONG GUIHUA YU YOUHUA DIAODU
作　　者	方国华　黄显峰　金光球　等 编著
出版发行	中国水利水电出版社 （北京市海淀区玉渊潭南路1号D座　100038） 网址：www.waterpub.com.cn E-mail：sales@mwr.gov.cn 电话：（010）68545888（营销中心）
经　　售	北京科水图书销售有限公司 电话：（010）68545874、63202643 全国各地新华书店和相关出版物销售网点
排　　版	中国水利水电出版社微机排版中心
印　　刷	清淞永业（天津）印刷有限公司
规　　格	184mm×260mm　16开本　9.25印张　225千字
版　　次	2023年9月第1版　2023年9月第1次印刷
印　　数	0001—1500册
定　　价	39.00元

凡购买我社图书，如有缺页、倒页、脱页的，本社营销中心负责调换

版权所有·侵权必究

前 言

水电作为一种优质、清洁的可再生能源，在水资源开发中占有极其重要地位。近年来，随着社会经济的快速发展，一大批不同规模的水电站投入运行，这对于缓解电力供需矛盾、促进社会经济快速发展具有十分重要的意义。如何管理和利用好已建水电站，进一步做好水库调度和水电站运行管理，从而在不增加额外投资的情况下获得更大的综合效益，是特别需要关心的问题。

水利水电系统规划与优化调度是水利水电工程经济运行管理的核心内容，是确保水库安全可靠运行、合理利用水资源、充分发挥水库综合效益的重要措施。本书的主要教学目标是：通过系统的学习和研讨，使学生熟练掌握水利水电系统规划与优化调度的基本理论、基本知识和基本的分析计算方法，使学生认识到科学高效的水利水电系统规划与调度是解决水资源问题的有效途径之一，培养学生应用所学知识分析和解决水利水电系统规划与调度实际问题的能力。

本书获河海大学研究生精品教材项目资助。全书共有 10 章内容，第一章绪论，第二章水利水电系统规划概述，第三章水库调度基本知识，第四章水库兴利调节与水能计算，第五章水库常规调度，第六章水库优化调度模型，第七章水库优化调度求解算法，第八章水库运行调度的实施，第九章水电站厂内经济运行，第十章水风光多能互补系统调度。在教材编写过程中，我们努力体现现代专业教学特点，注重实践能力培养，突出实用性和应用性，便于读者学习和掌握。

本书第一章、第四章、第六章、第九章由方国华编写，第二章、第三章、第七章由黄显峰编写，第五章、第八章由金光球编写，第十章由丁紫玉编写，全书由方国华统稿。博士生颜敏、吴志远参加了书稿部分内容的整理工作。

在本书编写过程中，参阅和引用了不少国内外文献和资料，编者对所列公开发表参考文献的作者表示感谢，对未能列出的其他参考文献和资料的作者也一并致谢，并请谅解！

由于编者水平所限，书中疏漏之处在所难免，恳请读者批评指正！

作者
2023 年 2 月

目 录

前言
第一章 绪论 ······ 1
第一节 水利水电系统规划、水库调度概述 ······ 1
第二节 水利水电系统规划、水库调度的发展 ······ 2
第三节 本课程的任务和主要内容 ······ 5
思考题 ······ 6

第二章 水利水电系统规划概述 ······ 7
第一节 水资源综合利用原则 ······ 7
第二节 水资源规划 ······ 8
第三节 水能规划 ······ 12
第四节 防洪规划 ······ 15
第五节 其他规划 ······ 19
思考题 ······ 22

第三章 水库调度基本知识 ······ 23
第一节 水库调度的任务、内容与分类 ······ 23
第二节 水库调度的基本资料 ······ 28
第三节 水库综合利用要求 ······ 38
第四节 水库调度方法 ······ 40
思考题 ······ 41

第四章 水库兴利调节与水能计算 ······ 43
第一节 兴利调节计算基本原理 ······ 43
第二节 兴利调节时历列表法 ······ 44
第三节 水能计算 ······ 52
思考题 ······ 59

第五章 水库常规调度 ······ 61
第一节 水库兴利调度 ······ 61
第二节 水库防洪调度 ······ 72

  第三节 水库综合利用调度 ··· 76
  思考题 ··· 78

第六章 水库优化调度模型 ··· 80
  第一节 水库优化调度基本概念 ··· 80
  第二节 水库发电优化调度 ··· 83
  第三节 水库防洪优化调度 ··· 86
  思考题 ··· 88

第七章 水库优化调度求解算法 ··· 89
  第一节 常用水库优化调度求解算法 ··· 89
  第二节 动态规划 ··· 92
  第三节 遗传算法 ··· 94
  第四节 粒子群算法 ··· 99
  思考题 ··· 109

第八章 水库运行调度的实施 ··· 110
  第一节 水库调度方案的编制 ··· 110
  第二节 水电站及水库年度运行调度计划的制定 ······················· 112
  第三节 水库运行调度的实施方法 ··· 113
  思考题 ··· 117

第九章 水电站厂内经济运行 ··· 118
  第一节 概述 ··· 118
  第二节 机组动力特性曲线复核 ··· 119
  第三节 厂内经济运行模型 ··· 121
  第四节 机组组合优选策略 ··· 125
  思考题 ··· 127

第十章 水风光多能互补系统调度 ··· 128
  第一节 概述 ··· 128
  第二节 水风光资源特性及出力互补性 ······································· 128
  第三节 水风光多能互补系统长期调度研究 ······························· 131
  第四节 水风光多能互补系统短期调度研究 ······························· 133
  第五节 水风光多能互补系统调度风险效益评价 ······················· 135
  思考题 ··· 138

参考文献 ··· 139

第一章 绪 论

第一节 水利水电系统规划、水库调度概述

系统是由多个要素组合而形成的不可分割的复合整体。由自然过程形成的系统称为自然系统，例如，周而复始的水循环中，大气降水到地球表面，地表水受重力作用形成由高处向低处流动的径流。因地表径流汇流过程对地表的作用，逐渐形成的天然河川水系，就属于自然系统。一系列的水资源工程之间存在着联系而形成相互关联的人工系统。

水利水电系统是由自然系统和人工系统组成的复合系统，系统与外部环境之间存在着物质、能量和信息交换。大气降水是系统的物质输入，向各部门供水是系统的物质输出。水电站通过电网输出电能形成能量交换，国民经济发展对水资源系统开发的要求和相互影响，反映着系统与环境的信息交换。水利水电工程的修建和运用，强烈反映人类对自然系统的干预和控制，导致系统与环境原有相对适应性失调。水利水电工程投入运行后改变了水系的水流运动规律，系统的自适应功能会对水系自身形态进行调整以适应新的水流规律。充分认识水资源系统与环境的协调和适应关系的客观规律，有助于人们预测拟建水利水电工程投入后系统将发生调整的趋势，对社会及生态环境可能产生的各种影响，正确选定水利水电系统规划方案。

水利水电系统规划是一个系统工程，不仅要考虑经济效益，而且要考虑产生的社会和环境的效益，要能充分发挥水利水电工程的防洪、发电、灌溉、城市及工业供水、航运、养殖、旅游等多种功能。鉴于水利水电系统规划具有多目标、多用途、多单元的复杂性，进行系统规划时，往往把它分解为若干个彼此耦合的子系统。例如可以按其服务对象把水利水电系统规划分解为水资源规划、水能规划、防洪规划、灌溉规划、水环境保护规划等，这些子系统存在着相互关联和彼此制约的关系，各子系统的规划决策必须服从于系统总体规划目标的要求。

水库调度是指根据水库承担任务的主次及调度规则，运用水库的调蓄能力，在保证大坝安全的前提下，有计划地对入库的天然径流进行蓄泄，达到除害兴利，综合利用水资源，最大限度地满足国民经济各部门需要的目的。加强水库运行管理，搞好水库运行调度，是对水资源进行合理配置的重要手段之一。开展水库科学管理、合理调度可以实现"一库多用，一水多用"，更好地满足各部门对水库和水资源的综合利用要求。通过合理调度可以协调防洪、兴利的矛盾，力求使同一库容能结合使用，既用于防洪，又用于兴利和蓄水供水；可使水电站水库在承担电力负荷的同时，尽可能满足下游航运、灌溉用水的要求。

因此，加强水库运行管理，实施合理科学的水利水电系统规划与水库调度，是对水资源进行控制运用的重要手段，对于确保水库安全，充分发挥防洪和兴利、生态等综合效

益，实现水资源的合理配置和可持续利用，促进经济社会可持续发展及人与自然和谐相处，都具有十分重要的意义。

水库调度主要具有防洪、兴利两大功能。

1. 防洪

兴建水库是我国为防洪而广泛采取的工程措施之一。在防洪区上游河道适当位置兴建能调蓄洪水的综合利用水库，利用水库库容拦蓄洪水，削减进入下游河道的洪峰流量，达到减免洪水灾害的目的。水库对洪水的调节作用有两种不同方式：滞洪和蓄洪。

（1）滞洪作用。滞洪就是使洪水在水库中暂时停留。当水库的溢洪道上无闸门控制，水库蓄水位与溢洪道堰顶高程平齐时，水库只能起到暂时滞留洪水的作用。

（2）蓄洪作用。在水库管理运用阶段溢洪道未设闸门时，如果能在汛期前用水，将水库水位降到防洪限制水位，且防洪限制水位低于溢洪道堰顶高程，则防洪限制水位至溢洪道堰顶高程之间的库容就能起到蓄洪作用；当溢洪道设有闸门时，水库就能在更大程度上起到蓄洪作用。由于有闸门控制，所以这类水库防洪限制水位可以高出溢洪道堰顶，并在泄洪过程中随时调节闸门开启度来控制下泄流量，具有滞洪和蓄洪双重作用。

2. 兴利

流域地面上的降水，从地面及地下按不同途径泄入河槽后的水流，称为河川径流。由于河川径流具有多变性和不重复性，在年与年、季与季以及地区之间来水都不同，且变化很大。大多数用水部门（例如灌溉、发电、供水、航运等）都要求比较固定的用水数量和时间，它们的要求经常不能与天然来水情况完全相适应。人们为了解决径流在时间上和空间上的重新分配问题，充分开发利用水资源，使之满足用水部门的要求，往往在江河上修建一些水库工程。水利水电系统规划与优化调度的兴利作用就是进行径流调节，蓄丰补枯，使天然来水能在时间上和空间上较好地满足用水部门的要求。

第二节　水利水电系统规划、水库调度的发展

水利水电系统规划与调度的理论与方法随着 20 世纪初水库和水电站的大量兴建而逐步发展起来，并逐步实现了水资源的综合利用和水库群的水利水电系统规划与优化调度。

水利水电系统规划是随着人们认识水平的提高而发展的，是在单一的防洪、发电、灌溉、城市及工业供水规划的基础上，将水利水电系统看成是一个系统工程，不仅要考虑经济效益，而且要考虑产生的社会和环境的效益，要能充分发挥水利水电工程的防洪、发电、灌溉、城市及工业供水、航运、养殖、旅游等多种功能。

对水利水电系统规划的研究开始于 20 世纪初期，发展至今，水利水电系统规划已经形成了一套较为完善的理论体系。学者们在进行系统规划的研究时，考虑到其内含的多目标、多单元的复杂性，往往将其划分为若干个子系统分别进行研究。最常见的分类方式是根据其服务对象进行分类，将其划分为水资源规划、防洪规划、灌溉规划等子系统，对这些子系统的发展情况分别进行归纳，可以让我们更好地了解水利水电系统规划的总体发展进程。

水资源规划的目标就是要在国家的社会和经济发展总体目标要求下，根据自然条件和

第二节　水利水电系统规划、水库调度的发展

社会发展情势，为水资源的可持续利用与管理，制定未来水平年（或一定年限内）水资源的开发利用与管理措施，以利于人类社会的生存发展对水的需求，促进生态环境和国土资源的保护。

20世纪40—70年代，水资源规划的研究大多关注于利用水库调度对水资源进行最优分配、需水预测、供水水质和水量的分析。其间，一些学者对系统动力学、城市模拟技术模型进行耦合研究，以探讨城市的供水问题。20世纪80年代以来，由于水资源在世界范围内的空间和时间上的异质分布和快速工业化引发的水污染，众多学者开始围绕综合水资源管理这个课题开展研究，由此发展出了一系列的农业、城市、工业用水效益函数评价模型。在最近几年，水资源规划的不确定性逐渐成为研究热点，学者们对其进行研究，并取得了一定的成果。

从全球视角来看，各国的防洪策略经历了由依赖工程措施的模式向工程措施与非工程措施结合的模式的转变。

以美国为例，在1968年国家洪水法案颁布之前，其防洪规划侧重于工程设施的建设。如今，美国的生态防洪、洪水保险等先进理念的应用已经进入了实验阶段，洪水预测与水库调度的结合应用也已十分成熟。

近几十年来，我国学者在防洪的工程措施与非工程措施结合方面的研究也取得了较多的成果。例如，从20世纪90年代开始，将洪水风险图这种非工程措施引入了防洪规划，这种洪水风险图标明不同重现期洪水在泛滥时最大淹没范围，具有提示居民识别所处地点遭受洪水淹没的风险程度的功能。目前，浙江等多个省份完成了全省洪水风险图的绘制。又例如，水利部在2015年、2019年分别发布了"全国水利一张图"信息系统的第一版和更新版本，这种信息系统以地理信息数据为基础，通过整合公用水利空间数据、各类环保专题空间信息，实现了数据的共享与更新。"全国水利一张图"的主要目的是打破数据壁垒、实现资源共享，但在客观上为防洪指挥等工作提供了有效的工具，是一种典型的非工程措施。

灌溉对于增加农业产量至关重要，然而，近几十年来，人们发现如果没有适当的规划和管理，灌溉可能会对环境产生不利影响，并可能危及农业生产的可持续性。例如，在过去的几十年里，世界上许多运河灌溉区都面临着地下水位上升的问题，并且出现了土地盐碱化问题，最终导致农业减产。所以，合理的灌溉规划是必要的。

理论上说，灌溉规划包括灌区水土资源分析、灌区水资源配置、灌区工程规划、水土保持等内容，但学术界更多关注于提高灌溉效益的领域。20世纪80年代以来，国内外学者对季节性供水有限的情况下农作物的灌溉调度问题进行了广泛的研究，随着优化理论的发展，此类研究的重点从单一作物转向了多种作物的有限灌溉水的配置问题。这类问题的研究目标往往是确定某种作物或者多种作物的种植模式和灌溉周数，同时考虑到缺水对作物的产量影响。近年来，随着极端天气出现概率的增加，学者们将目光投向了极端条件下的灌溉规划问题，这类研究是通过考虑水文不确定性（例如降雨的不确定性），以在有限水资源条件下寻找合适的灌溉规划策略。与上一类研究不同的是，此类研究的背景往往是没有稳定水源的地区，决策者必须考虑降雨等来水的不确定性，对地下水等有限的灌溉水资源进行合理的规划。

水利水电规划方案优选，是工程规划中一个复杂的综合技术经济问题，其涉及社会、经济、生态、环境等诸多方面。此外，由于水利工程具有投资巨大、生命周期长、内容复杂的特点，如果其规划方案的选择出现失误，不仅会造成资源浪费和经济损失，还可能会给自然和社会带来不利的影响。所以，寻求合适的方法对水利工程规划方案进行优选具有重要意义。

20 世纪 90 年代以来，众多学者围绕水利工程的优选方法进行研究。这些方法主要包括专家打分法、层次分析法、灰色关联度分析、投影寻踪法、模糊评判、物元分析、人工神经网络以及逼近理想解排序法等。部分学者通过耦合多个方法，以期减少方案优选过程中的人为干扰因素，从而得出能全面反映各影响因素特征信息的综合评价结果。但从理论层面来看，大多研究成果仍未完全摆脱优选过程中的人为干扰。可见，此课题仍具有研究价值。

水库调度是在保证大坝安全的前提下，有计划地对入库的天然径流进行蓄泄，达到除害兴利，综合利用水资源的一种手段。在调度方法上，1926 年苏联 A.A. 莫洛佐夫提出了水电站水库调配调节的概念，并经过逐步发展形成了水库调度图。这种图至今仍被广泛应用。水库调度在 20 世纪 20—40 年代时期主要应用判别式与求极值的方法。1951 年美国数学家贝尔曼（R. Bellman）等人提出"最优化原理"并研究了实际问题，从而创建了解决最优化问题的一种新方法——动态规划法，他写的名著《动态规划》于 1957 年出版，该书是动态规划第一本著作。1955 年 J.D.C 李特尔首先把动态规划思想应用于水电站优化调度。1960 年霍华特（R.A. Howard）提出动态规划与马尔可夫决策过程的研究，扩大了这种方法的应用范围，他在《水电工程出力最优化》中明确指出：动态规划法可以成功地应用到较复杂水电站水库群的运行调度上，但随着问题维数的增多，计算工作量增加非常快，以致应用计算机都不能解决问题，即所谓维数灾。为了解决这个问题，先后提出增量动态规划（IDP）、微分动态规划（DDP）、离散微分动态规划（DDDP）等。

20 世纪 50 年代以来，由于现代应用数学、径流调节理论、电子计算机技术的迅速发展，使得以最大经济效益为目标的水库优化调度理论得到迅速发展与应用，各种自动化系统的建立，使水库实时调度达到了较高的水平。我国水库调度工作随着大规模水利建设而逐步发展。大中型水库比较普遍地编制了年度调度计划，有的还编制了较完善的水库调度规程，研究和拟定了适合本水库的调度方式，逐步由单一目标的调度走向综合利用调度，由单一水库调度开始向水库群调度方向发展，考虑水情预报进行的水库预报调度也有不少实践经验，使水库效益得到进一步发挥。此外，对多沙河流上的水库，为使其能延长使用年限而采取的水沙调度方式也取得了一定成果。20 世纪 80 年代以后，水库调度运用工作取得了显著成绩，主要表现在做了大量的基础工作，增加了经济效益，加强了技术培训，提高了调度技术水平。由于水库的大量兴建，对于水库优化调度也在理论与实践上做了探讨。在我国，丹江口、三门峡、小浪底、三峡等水利枢纽的建成与运行都为水库的调度工作积累了不少经验。防洪、兴利及水沙调度以及水库调度管理等方面的成功经验，标志着我国的水库调度工作达到了一个新水平。

随着电力系统范围愈来愈大，电力系统中供电组成结构愈来愈复杂，水库调度更为复杂化。例如，在我国随着葛洲坝大江电站、三峡水电站的建成，金沙江上巨型水电站群的开发，不仅华中电网与华东电网联网，甚至全国将联成统一电网。电网内水电站群的水库调度问题，水电站群与火电站群、其他类型电站的联合运行问题，其复杂程度绝非单一的系统分析方法所能解决，而要综合在一起，运用钱学森专家的工程控制论中大系统理论，结合复杂的计算机网络控制系统付诸实施。

联网问题绝非遥远的将来，例如，美国将水电比重较高的西北核电系统与火电比重较高的西南电力系统联网，通过长距离超高压输电线联网以后，更有利于水火电的调剂，既可以提供调峰容量，还可输送廉价的季节性电能，从 1970 年起，西北向西南输送电力 1216 亿 kW·h。又如法国南部多水电，北部多火电，全国联成统一的电力系统，水火电联合运行，丰水期由南部的水电向北部送电，枯水期由北部的火电向南部送电，互相调剂，取得了很大的效益。此外，国家与国家之间也逐步联网。例如，挪威、瑞典、芬兰与丹麦等国联成北欧电网。电力系统联网是合理开发利用能源的必然趋势。

上述情况说明水电站水库群统一调度这样一个实际问题，其属性是庞大而又复杂的，且可用递阶结构描述，也就是说要通过大系统分解协调技术探寻水电站水库群统一调度。因此，水利水电系统规划、水库调度不仅要致力于方法论的研究，而且要应用于实践。充分地、合理地、经济地利用能源，还有许许多多问题，需要去开拓、探索。

中国的水电技术可开发量 6.87 亿 kW，考虑到生态环境保护、工程建设条件等因素，实际可开发量约 5.2 亿 kW 左右，居世界首位。截至 2022 年底，常规水电装机规模 3.68 亿 kW，水能资源最为富集的金沙江、雅砻江、长江上游，水电开发程度已达 80%，大渡河、红水河、乌江等主要水电流域，水电开发程度已达到 90% 及以上。以上流域均以水力发电为主，正在研究规划或启动水风光多能互补开发。水风光多能互补有利于充分发挥水电的储能调节作用，有效规避煤电可能面临的成本高企难控和减排降碳压力，符合能源安全和绿色发展的战略，是实现双碳目标的必然选择。

第三节　本课程的任务和主要内容

本书是研究与学习水利水电系统规划与调度基本理论和方法的重要书籍。本书的任务是使读者比较系统地掌握水利水电系统规划与调度方面的基本知识。本课程的主要内容有：

水利水电系统规划概述。包括水资源综合利用原则、水资源规划、水能规划、防洪规划和其他规划。

水库调度基本知识。包括水库调度的任务、原则、工作内容、分类与特点，水利水电系统规划与调度基本资料，水库综合利用要求以及水库调度常用方法。

水库兴利调节与水能计算。包括水库兴利调节计算的基本原理，兴利调节的时历列表法，以及水能计算，包括保证出力和多年平均发电量的计算。

水库常规调度。包括水库常规兴利调度、防洪调度和综合利用调度。

水库优化调度。包括水库优化调度基本概念，发电优化调度、防洪优化调度。

水库优化调度求解算法。包括水库优化调度常用求解算法，重点阐述动态规划、遗传算法和粒子群算法。

水库运行调度的实施。包括水库调度方案的编制、水电站及水库年度运行调度计划的制定以及水库运行调度的实施方法。

水电站厂内经济运行。包括机组动力特性曲线复核、厂内经济运行模型、机组组合优选策略。

水风光多能互补系统调度。包括水风光多能互补系统调度原理、水风光多能互补系统长期调度模型、水风光多能互补系统短期调度模型、水风光多能互补系统调度风险效益评价等。

思 考 题

1. 水利水电系统规划的主要作用是什么？
2. 水库调度的主要作用是什么？
3. 水库调度是如何发展的？

第二章 水利水电系统规划概述

水利水电系统规划是人类在充分掌握水的客观变化规律的前提下，采用各种工程措施和非工程措施，以及经济、行政、法制等手段，对自然界水循环过程中的水进行调节控制、开发利用和保护管理。其目的是避免或尽可能减轻水旱灾害，供给人类生活和生产活动必需的水（符合水质标准）和动力（直接利用或转换成电力后利用），以及提供其他服务。下面分别从水资源综合利用原则、水资源规划、水能规划、防洪规划、其他规划等方面进行概述。

第一节 水资源综合利用原则

水资源的综合开发利用，除了具有防洪功能，还有兴利功能，包括发电、灌溉、城市及工业供水、航运、养殖、旅游等。不同的兴利部门，对水资源的利用方式各不相同。例如，灌溉、供水要耗用水量，发电只利用水能，航运则依靠水的浮载能力。这就有可能也有必要使同一河流或同一地区的水资源，同时满足几个水利部门的需要，并且将除水害和兴水利结合起来统筹解决。这种开发水资源的方式，就称为水资源的综合利用。我国大多数大中型水利工程在不同程度上实现了水资源的综合利用。例如，汉江的丹江口水利枢纽大大减轻了汉江中下游广大地区的洪灾；给鄂西北、豫西南数百万亩农田提供灌溉水源；为鄂、豫两省工农业提供 90 万 kW 的廉价电力；水库内可形成 220km 长的深水航道，并大大改善下游河道的通航条件；辽阔的水库库区还可发展渔业，每年出产数百万斤淡水鱼等。实际上，水资源综合利用是我国水利建设的一项重要原则，能够使宝贵的水资源得到比较充分的利用，以较少的代价取得较大的综合效益。我们在进行水资源及水利水能规划时，必须重视这一重要原则。

然而，由于人们认识上的局限性、片面性，以及囿于局部利益等原因，我国有些大中型水利工程，尽管具备水资源综合利用的有利条件，却仍然在这方面存在某种缺陷。例如，有些拦河闸坝忽视了过船、过木、过鱼的需要，有些水电站的水库没有兼顾灌溉或下游防洪的要求等。

在综合利用规划方面，环境保护与生态平衡常被人们忽视。修建大中型水利工程常常要集中大量人力、资金、设备，并耗用大量建筑材料；工程本身需占用大片土地，特别是水库常造成大面积的淹没；此外，水利工程是人们改造自然的一种重要手段，必然对河流的水灾情况产生重大的影响等。人们通过实践，逐步认识到忽视这类问题会给国家和人民带来巨大损失。例如，某些位于林区的水利工程，由于忽视森林资源的保护，几年施工期间就造成工地周围童山濯濯，因此，我们在进行水资源及水利水能规划时，还必须尽量避免工程对自然环境和生态可能产生的不良影响。

各河流的自然条件千变万化，各地区需水的内容和要求差异也很大，而且各水利部门之间还不可避免地存在一定的矛盾。因此，要做好水资源的综合利用，就必须从当地的客观自然条件和用水部门的实际需要出发，抓住主要矛盾，从国民经济总效益最大的角度来考虑，因时因地制宜地制定水资源及水利水能规划，切忌凭主观愿望盲目决定，尤其不应只顾局部利益而使整个国民经济遭受不应有的损失。

第二节 水资源规划

水资源规划作为国民经济发展总体规划的重要组成部分和基础支撑规划，其目标就是要在国家的社会和经济发展总体目标要求下，根据自然条件和社会发展情势，为水资源的可持续利用与管理，制定未来水平年（或一定年限内）水资源的开发利用与管理措施，以利于人类社会的生存发展对水的需求，促进生态环境和国土资源的保护。因此，水资源规划工作必须坚持可持续发展的指导思想，这是水资源规划的必然要求，也是当前水资源规划工作的重要指导思想和基本出发点。具体来讲，水资源规划的指导思想包括以下几个方面：

(1) 水资源规划需要综合考虑社会效益、经济效益和生态环境效益，确保社会经济发展与水资源利用、生态环境保护相协调。

(2) 水资源规划需要考虑水资源的可承载力，使水资源在可持续利用的允许范围内，做好当代人与后代人之间的协调。

(3) 水资源规划需要从流域或区域整体角度出发，考虑河流上下游、左右岸以及不同区域间用水的平衡，确保流域或区域社会经济的协调发展。

(4) 水资源规划需要与社会经济发展密切结合，注重全社会公众的广泛参与，注重从社会发展根源上来寻找解决水问题的途径，配合采取一些经济手段，确保人与自然协调发展。

水资源规划根据不同规划对象和目的，可以分为流域水资源规划、区域水资源规划、跨流域水资源规划和专业水资源规划。

水资源规划的主要内容包括水资源调查评价、水资源开发利用情况调查评价、需水预测、节约用水、水资源保护、供水预测、水资源配置、总体布局与实施方案、规划实施效果评价等内容，见图 2-1。

1. 水资源调查评价

(1) 根据水文资料积累条件，并考虑系列代表性要求，采用长系列水文资料作为水资源评价的基本依据。

(2) 要求分区计算降水量、天

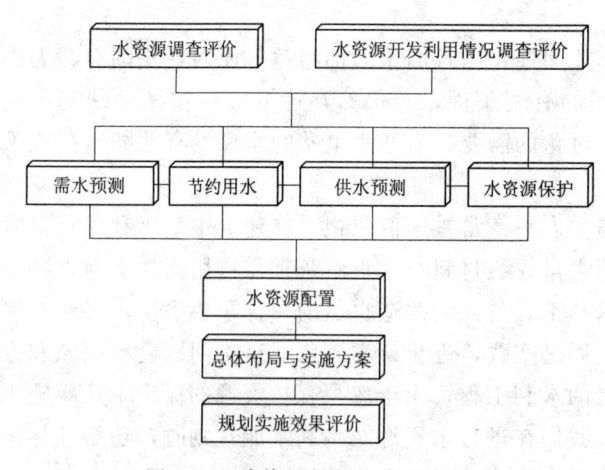

图 2-1 水资源规划内容示意图

然径流量、降水补给地下水量和水资源总量的长系列值。

（3）根据近期水质监测资料，对河流、湖泊、水库和地下水的水质进行评价，并对主要供水水源地水质进行单独评价。

（4）综合考虑河川径流特征、地下水开采条件、生态环境保护要求及技术经济等因素，估算地表水可利用量和地下水可开采量，为水资源承载能力分析提供依据。

（5）对水资源情势变化较大的流域或区域，应分析变化原因和主要影响因素。

2. 水资源开发利用调查评价

（1）以水资源分区为统计单元，收集整理与用水关联的主要经济社会指标，调查统计基准年的供水基础设施及其供水能力，调查统计供水量和用水量，估算用水消耗量，全面分析供、用、耗水量的组成情况及其变化趋势。

（2）水资源开发利用情况调查评价中需水预测和供需分析及合理配置工作依照水资源分区，区别河道内与河道外用水，分城镇和农村，按生活、生产和生态环境用水三大类分别进行。

（3）根据地表水取水口、地下水开采井的水质监测资料及其供水量，分析估算现状年各类用户不同水质的供水量，对供水水质进行评价。

（4）对现状年的点污染源（工业和城市生活）、面污染源、入河（湖、库）排污口等情况进行调查，结合水功能区划分，统计分析各水资源分区的废污水和主要污染物的排放量，以及排入河（湖、库）的废污水量和主要污染物量。

（5）在经济社会指标和用水调查统计的基础上，分析各分区的综合用水指标，评价各地区的节水水平和用水效率。调查分析一些城市和不同类型灌区的供水水价及用水管理指标，为分析各地区的节水潜力和需水预测提供基础数据。

（6）选取某一计算时段，对各流域的地表水资源开发率、平原区浅层地下水开采率及水资源消耗率进行分析计算，评价水资源的开发利用程度。

（7）选择重点研究河段，调查分析河道内生态环境用水和生产用水情况。对地表水过量引用、地下水超采、水体污染等不合理开发利用所造成的生态环境问题进行调查和评价。

3. 水资源需求预测

（1）用水户需水预测分生活、生产和生态环境三大类，并按城镇和农村两类分别进行统计。

（2）要求对现状年经济社会发展指标和用水指标进行分析。根据当地实际情况，选取有代表性和具有一定规模的灌区、城市（城镇）、企业（或行业）、重要河流和区域开展调查，分析确定各类用水户的用水定额、用水结构等现状用水数据。

（3）要求提交与节约用水部分相对应的"基本方案"和"强化节水方案"两套需水预测成果。在节水水平现状和相应节水措施基础上确定的需水方案为"基本方案"；在加大节水投入力度，强化需求管理条件下，进一步提高节水水平的需水方案为"强化节水方案"。"强化节水方案"需水预测成果应和"基本方案"部分推荐方案相协调。

（4）需水预测应采用"多种方法、综合分析、合理确定"的原则确定其成果。以定额预测为基本方法，同时应采用趋势法、机理法、人均用水量法、弹性系数法等方法进行复核，经综合分析后提出需水预测成果。

4. 节约用水规划

（1）节约用水内容主要包括：用水现状调查与用水及节水水平分析，各地区、分类节水标准与指标的确定，节水潜力分析与计算，确定不同水平年的节水目标，落实节水措施，拟定节水方案等。

（2）在用水现状和节水水平综合评价的基础上，充分利用有关专业规划成果，结合计算分区的水资源条件、供需发展趋势、经济社会发展水平等综合因素，按照因地制宜、突出重点、注重实效的原则，分阶段提出计算分区的节水目标，确定节水工作的重点以及需采取的主要节水措施，包括工程措施和技术、经济、管理等非工程措施。

（3）根据各地实际情况，分析各类节水措施的投入与效果，提出实现节水目标的各类措施的组合方案。对各组合方案进行投入产出分析和经济技术比较，提出推荐的节水方案与实施机制。

（4）节水分为城镇生活、工业、农业节水。要与需水预测以及水资源配置部分进行相互衔接与反馈，要为需水预测提供不同节水力度方案，同时要为水资源配置提供多种可供选择的节水方案和有关技术经济参数成果。

5. 水资源保护

（1）水资源保护的工作包括地表水与地下水保护以及与水相关的生态环境的修复与保护。其中，江河湖库的水资源保护是工作重点，同时要提出对地下水保护以及与水相关的生态环境的修复与保护的对策措施。

（2）江河、湖泊、水库的水质保护以水功能区划为基础，根据不同水功能区的纳污能力，确定相对应的陆域水污染物排放总量控制目标。

（3）水资源保护的工作范围应与水功能区划的范围一致，以一级、二级水功能区为基本单元，统计和估入河废污水量及污染物排放量，并将其成果归并到水资源三级区。

（4）现状和规划期水功能区纳污能力的确定，应与水资源开发利用情况调查评价、水资源配置成果及河道内用水要求相适应。以此为依据，在制定入河污染物总量控制方案的基础上，提出排污总量控制方案，提出监督管理的措施，实施综合治理。

（5）统一采用 COD、氨氮作为污染物控制指标，增加湖泊总磷和总氮指标。各流域和区域可根据实际情况，增选当地主要污染物控制指标。

（6）在地下水污染严重、地下水超采、海水入侵和地下水水源地等地区，应在开发利用现状调查评价的基础上，结合经济社会发展和生态环境建设的需要，研究地下水资源保护和防治水污染的措施。

（7）根据水资源开发利用现状情况调查评价中与水相关的生态环境问题的调查评价成果，以及需水预测、供水预测和水资源配置等部分对与水相关的生态环境问题的分析成果，制定相应的保护对策措施。

6. 供水预测

（1）在对现有供水设施的工程布局、供水能力、运行状况，以及水资源开发利用模式与管理及存在问题等综合调查分析的基础上，进行水资源开发利用潜力分析。

（2）水资源开发利用潜力是指现有工程加固配套和更新改造、新建工程投入运行和非

第二节 水资源规划

工程措施实施后，分别以地表和地下水可供水量以及其他水源可能的供水型式，与现状条件相比所能提高的供水能力。

(3) 按照流域或区域的供水系统，依据系统来水条件、工程状况、需水要求及相应的运用调度方式和规则，提出不同用水户、不同保证率的可供水量。

(4) 可供水量的估算要充分考虑技术经济因素、水质状况以及对生态环境的影响，预测不同水资源开发利用模式与方案条件下的可供水量，并进行技术经济比较，同时要分析各水平年当地水资源的可供水量及其相应的耗水量。

7. 水资源配置

(1) 水资源配置是指在流域或特定的区域范围内，遵循公平、高效和可持续利用的原则，通过各种工程与非工程措施，考虑市场经济的规律和资源配置准则，通过合理抑制需求、有效增加供水、积极保护生态环境等手段和措施，对多种可利用水源在区域间和各用水部门间进行的调配。

(2) 水资源配置应将流域水资源循环转化为与人工用水的供、用、耗、排水过程相适应并互相联系的一个整体，通过对区域之间、用水目标之间、用水部门之间水量和水环境容量的合理调配，实现水资源开发利用和流域（区域）经济社会发展与生态环境保护的相互协调，促进水资源的持续利用，提高水资源的承载能力，缓解水资源供需矛盾，遏制生态环境恶化的趋势，支撑经济社会的可持续发展。

(3) 水资源配置以水资源供需分析为手段，在供需现状分析和对抑制需求的不合理增长、有效增加供水、积极保护生态环境的各种可能措施进行组合及分析的基础上，对各种可行的水资源规划方案进行评价和比选，提出推荐方案。

(4) 水资源配置以水资源调查评价、水资源开发利用情况调查评价为基础，结合需水预测（包括河道内及河道外用水）、节约用水、供水预测、水资源保护进行，所推荐的方案应作为制定总体布局与实施方案的基础。在分析计算中，数据的分类口径和数值应协调一致，相互进行反馈，配置方案与各项措施相互协调。水资源配置的主要内容包括基准年供需分析、方案生成、规划水平年供需分析、方案比选和推荐方案评价以及特殊干旱年的应急对策等。

(5) 在流域和省级行政区范围内以水资源三级区套地级行政区为基本计算分区进行水资源供需分析。计算分区内应按城镇和农村划分，重点要对城市的水资源进行供需分析计算。流域与行政区的供需分析方案和成果应相互协调，提出统一的供需分析结果和合理配置方案。

(6) 水资源配置在多次反馈并协调平衡的基础上，一般按 2~3 次水资源供需分析进行。一次供需分析是考虑人口的自然增长、经济的发展、城市化程度和人民生活水平的提高，按供水预测提出的"零方案"，在水资源开发利用格局现状和发挥现有供水工程潜力情况下，进行水资源供需分析。若一次供需分析有缺口，则在此基础上进行二次供需分析，即考虑进一步强化节水、治污与污水处理再利用、挖潜等工程措施，以及合理提高水价、调整产业结构、抑制需求的不合理增长和改善生态环境等措施进行水资源供需分析。若二次供需分析仍有较大缺口，应进一步加大调整产业布局和结构的力度，当具有跨流域调水可能时，应增加外流域调水并进行三次供需分析。实际操作按流域或区域具体情况确定。水资源供需分析时，除考虑各水资源分区的水量平衡外，还应考虑流域控制节点的水量平衡。

（7）水资源配置应利用水资源保护的有关成果，在进行水量平衡分析中考虑水质因素，即水功能区的纳污能力与污染物入河总量控制应相协调，对于超过纳污能力的排放量要进行削减和污染治理。按照水功能区纳污能力和水质要求制定对入河污染物量和水资源量的区域与时程调配方案，供需分析中的供水应满足不同用水户水质要求，不满足水质要求时应进行处理。

（8）水资源配置应通过对水资源需求、投资、综合管理措施（如水价、结构调整）等因素的变化进行风险性和不确定性分析。根据实际需要与可能出现的问题形成各种工程与非工程措施的组合方案集，方案制定应考虑市场对水资源配置的作用，如提高水价对水需求的抑制作用，市场对产业结构调整的影响及其对需水的影响等。在对供需分析方案集进行计算和经济、社会、环境以及技术等指标比较的基础上，提出实现水资源供需基本平衡和水环境容量基本平衡的推荐方案。

（9）在分析其水文情势和水资源配置推荐方案的基础上，应制定遇特殊干旱年旱情紧急情况下水量调度预案，制定年度水量分配方案和调度计划，制定应急对策。

8. 总体布局与实施方案

（1）依据水资源配置提出的推荐方案，统筹考虑水资源的开发、利用、治理、配置、节约和保护，研究提出水资源开发利用总体布局、实施方案与管理方式，总体布局要工程措施与非工程措施紧密结合。

（2）制定总体布局要根据不同地区自然特点和经济社会发展目标要求，努力提高用水效率，合理利用地表水与地下水资源；有效保护水资源，积极治理利用废污水、微咸水和海水等其他水源；统筹考虑开源、节流、治污的工程措施。在充分发挥现有工程效益的基础上，兴建综合利用的骨干水利枢纽，增强和提高水资源开发利用程度与调控能力。

（3）水资源总体布局要与国土整治、防洪减灾、生态环境保护与建设相协调，与有关规划相互衔接。

（4）实施方案要统筹考虑投资规模、资金来源与发展机制等，做到协调可行。

9. 规划实施效果评价

（1）综合评估规划推荐方案实施后可达到的经济、社会、生态环境的预期效果及效益。

（2）对各类规划措施的投资规模和效果进行分析。

（3）识别对规划实施效果影响较大的因素，并提出相应的对策。

第三节 水 能 规 划

水能资源是以位能、压能和动能等形式存在于水体中的能量资源，又称水力资源。广义的水能资源包括河流水能、潮汐水能、波浪能和海洋热能资源；狭义的水能资源指河流水能资源。在自然状态下，水能资源的能量消耗于克服水流的阻力，冲刷河床、海岸、运送泥沙与漂浮物等。采取一定的工程技术措施后，可将水能转变为机械能或电能，为人类

第三节 水 能 规 划

服务。我国水能资源极其丰富，居世界首位已是公认的事实，仅河川水能资源的蕴藏量就有约 6.8 亿 kW（按多年平均流量估算）。我国的海洋水能资源也很丰富，仅潮汐资源一项，初步估算有 1.1 亿 kW。应该说明，水能资源蕴藏量中可能开发利用的仅是其中的一部分。

水能规划是对一个流域或区域内的水能资源进行合理的规划，确定水电站的位置、装机容量和水电站在电力系统中的运行方式等，分析整个电力系统的容量组成、供电条件在不同时间尺度中的变化情况以及水电厂机组检修计划，根据系统负荷需求，分析其在电力系统中的电力电能平衡等。

水电是清洁的可再生能源，优先发展水电是世界各国能源开发的一条重要经验，不论是水能资源较多而矿物燃料资源较少的国家，还是水能资源较少而矿物燃料资源较多的国家，都是优先发展水电。我国水能资源较为丰富，开发条件比较优越，开发潜力很大。在开发水电的同时，要特别注意防治水害和水资源的综合利用，为供水、航运和农、林、牧、渔业的发展服务。水能资源开发利用的发展趋势是：提高单机容量，扩大水电站规模；提高水电站自动化和管理运行水平；大力发展抽水蓄能电站；提高水电容量比重；运用系统工程理论，研究水电站群的规划设计和控制。为了实现该任务，必须科学制定规划，在进一步加强水利基础设施建设的同时，要特别重视统筹水利、环境与经济、社会的协调发展；建立和完善水法规体系，加强制度建设，规范各项水事活动；重视科技进步和创新，以水利信息化推动水利现代化；重视和鼓励公众参与，调动各方面的积极性，促进全社会的共同努力，真正实现从传统水利向现代水利、可持续发展水利的转变。

如图 2-2 所示，表示一任意河段，其首尾断面分别为断面 1-1 和断面 2-2。

水流出力是单位时间内的水能，所以，在图 2-2 所表示的河段上，水流出力为

$$N_{1-2} = \frac{E_{1-2}}{T} = 9.8QH_{1-2} (\text{kW}) \quad (2-1)$$

落差和流量是决定水能资源蕴藏量的两项要素。单位长度河段的落差（即河流纵比降）和流量都是沿河长而变化的，所以在实际估算河流水能资源蕴藏量时，常沿河长分段计算水流出力，然后逐段累加以求全河总水流出力。在分段时，应注意将支流汇入等流量有较大变化处以及河流纵比降有较大变化处（特别是局部的急滩和瀑布等），并划分为单独的计算河段。在计算中，流量取首尾断面流量的平均值，根据多年平均流量计算水能资源蕴藏量。

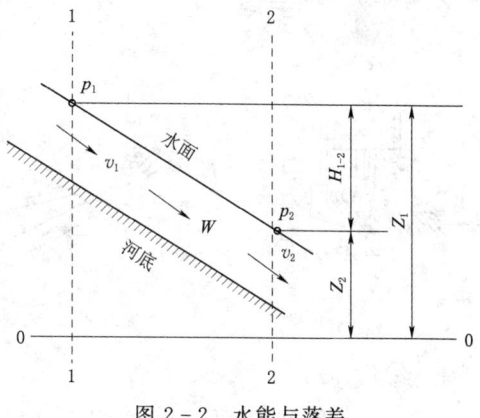

图 2-2 水能与落差

为估算河流蕴藏的水能资源，应对河流水文、地形和流域面积等进行勘测和调查，然后按出力公式进行计算，并将计算结果绘成水能资源蕴藏量示意图，如图 2-3 所示。

要开发利用河川水能资源，首先要将分散的天然河川水能集中起来。由于落差是单位重量水体的位能，而河段中流过的水体重量又与河段平均流量成正比，所以集中水能的方

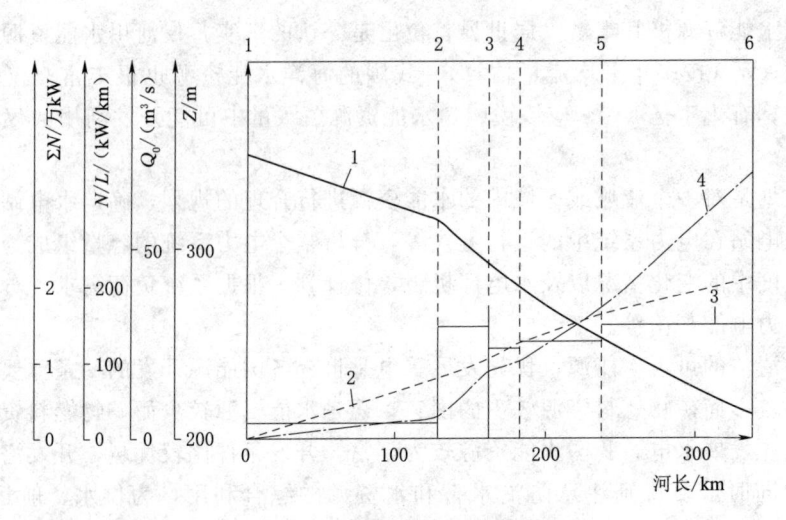

图 2-3 水能资源蕴藏量示意图

法为集中落差和引取流量。

根据开发河段的自然条件不同，集中水能的方式主要有以下几类（图 2-4）。

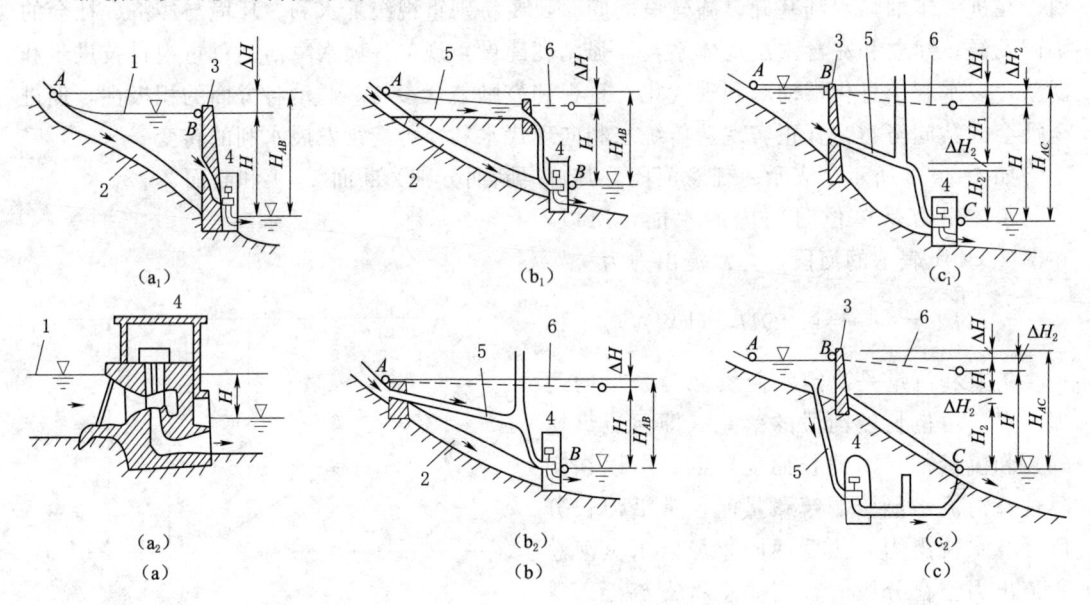

图 2-4 集中水能的方式
(a) 坝式；(b) 引水式；(c) 混合式
1—抬高后的水位；2—原河；3—坝；4—厂房；5—引水道；6—能坡线

1. 坝式（或称抬水式）

拦河筑坝或闸来抬高开发河段水位，使原河段的落差 H_{AB} 集中到坝址处，从而获得水电站的水头 H。所引取的平均流量为坝址处的平均流量 Q_B，即河段末的平均流量，显然，Q_B 要比河段首 A 处的平均流量 Q_A 要大些。由于筑坝抬高水位而在 A 处形成回水段，因而有落差损失 $\Delta H = H_{AB} - H$。坝址上游 A、B 之间常因形成水库而发生淹没。若淹没损失相对不大，就有可能筑中、高坝抬水，来获得较大的水头。这种水电站称为坝后式水电站，如图 2-4（a_1）所示，其厂房建在坝下游侧，不承受坝上游面的水压力。若地形、地质等条件不允许筑高坝，也可筑低坝或水闸来获得较低水头，此时常利用水电站厂房作为挡水建筑物的一部分，使厂房承受坝上游侧的水压力，如图 2-4（a_2）所示。这种水电站称为河床式水电站。坝式开发方式有时可以形成比较大的水库，因而使水电站能进行径流调节，成为蓄水式水电站。若不能形成供径流调节用的水库，则水电站只能引取天然流量发电，成为径流式水电站。

2. 引水式

沿河修建引水道，以使原河段的落差 H_{AB} 集中到引水道末厂房处，从而获得水电站的水头 H。引水道水头损失 $\Delta H = H_{AB} - H$，即为引水道集中水能时的落差损失。所引取的平均流量为河段首 A 处（引水道进口前）的平均流量 Q_A，AB 段区间流量（$Q_B - Q_A$）则无法引取。图 2-4（b_1）是沿河岸修筑坡度平缓的明渠（或无压隧洞等）来集中落差 H_{AB}，这种水电站称为无压引水式水电站；图 2-4（b_2）则是用有压隧洞或管道来集中落差 H_{AB}，称为有压引水式水电站。利用引水道集中水能，不会形成水库，因而也不会在河段 AB 处造成淹没。因此，引水式水电站通常都是径流式开发。当地形、地质等条件不允许筑高坝，而河段坡度较陡或河段有较大的弯曲段处，建造较短的引水道即能获得较大水头时，常可采用引水式集中水能。

3. 混合式

在开发河段上，有落差 H_{AC}，见图 2-4（c_1）、（c_2）。BC 段上不宜筑坝，但有落差 H_{BC} 可利用。同时，可以允许在 B 处筑坝抬水，以集中 AB 段的落差 H_{AB}。此时，就可在 B 处用坝式集中水能，以获得水头 H_1（有回水段落差损失 ΔH_1），并引取 B 处的平均流量 Q_B；再从 B 处开始，筑引水道（常为有压的）至 C 处，用引水道集中 BC 段水能；获得水头 H_2（有引水道落差损失 ΔH_2），但 BC 段的区间流量无法引取。所开发的河段总落差为 $H_{AC} = H_{AB} + H_{BC}$，所获得的水电站水头为 $H = H_1 + H_2$，两者之差即为落差损失。这种水电站称为混合式水电站，它多半是蓄水式的。

除了以上三种基本开发方式外，尚有跨流域开发方式、集水网道式开发方式等。此外，还有抽水蓄能发电方式、利用潮汐发电方式等。

由于集中水能的过程中有落差损失、水量损失及机电设备中的能量损失等，所以水电站的出力要小于式（2-1）中的水流出力，这将在第五章中进一步讨论。通常，在初步估算时，可用下式来求水电站出力 $N_水$，即

$$N_水 = AQH \text{（kW）} \tag{2-2}$$

式中：Q 为水电站引用流量，m^3/s；H 为水电站水头，m；A 为出力系数，一般采用 6.5～8.5，大型水电站取大值，小型的取小值。

第四节 防 洪 规 划

洪水是暴雨、急骤冰雪融化、风暴潮和水库溃坝等自然因素或自然-人为因素引起的江河湖泊水量增加、水位上涨或海水侵袭淹没部分陆地的现象。研究洪灾成因，应在关注

自然因素作用的同时，着重分析人类活动对洪水成灾规律和防洪安全的影响，人类活动的影响主要表现在以下几个方面：

(1) 植被破坏，水土流失加剧，入河泥沙增多。

(2) 围湖造田，与河争地，河湖泄蓄洪能力降低。

(3) 防洪工程标准低，病险多，抗洪能力弱。

(4) 非工程防洪措施不完善，难以适应防洪减灾的要求。

(5) 蓄滞洪区安全建设不能满足需要，运用难度大。

我国洪水有凌汛、桃汛（北方河流）、春汛、伏汛、秋汛等，但防洪的主要对象是每年的雨洪以及台风暴雨洪水。因为雨洪往往峰高量大，汛期长达数月；而台风暴雨洪水则来势迅猛，历时短而雨量集中，更有狂风助浪，两者均易酿成大灾。但是，洪水是否成灾，还要看河床及堤防的状况而定。如果河床泄洪能力强，堤防坚固，即使洪水较大，也不会泛滥成灾。反之，若河床浅窄、曲折、泥沙淤塞、堤防残破等，使安全泄量（即在河水不发生漫溢或堤防不发生溃决的前提下，河床所能安全通过的最大流量）变得较小，则退到一般洪水也有可能漫溢或决堤。所以，洪水成灾是由于洪峰流量超过河床的安全泄量，因而泛滥（或决堤）成灾。由此可见，防洪的主要任务是：按照规定的防洪标准，因地制宜地采用恰当的工程措施，以削减洪峰流量，或者加大河床的过水能力，保证安全度汛。

防洪减灾是根据洪水规律及洪灾特点，研究并采取各种对策和措施，以防止或减轻洪水灾害，保障社会经济发展的水利工作。其工作内容主要有防洪规划、防洪建设、防洪工程的管理与运用、防汛、防凌、洪水调度、灾后恢复重建等。

防洪规划编制应根据规划任务要求，系统搜集、整理有关自然状况、经济社会、洪涝灾害、防洪治涝工程措施和非工程措施建设现状、经济社会发展规划及相关行业（或部门）规划、以往防洪规划及研究等方面的资料和成果。自然资料包括自然地理、水文气象、水系、河道、湖泊、湿地、自然资源、地形地貌、区域地质以及生态环境等方面的资料。作为规划依据的干支流及湖泊主要水文站、水位站、潮位站的系列观测及历史调查资料等，其系列年限应符合有关专业规范的要求。经济社会资料包括基准年和规划水平年经济社会发展状况和预测情况，主要包括规划区域、防洪区、防洪保护区、蓄滞洪区、行洪区的人口、国民经济、土地利用、城市发展、工业农业发展等经济社会指标。洪涝灾害资料包括规划区域洪涝灾害（含风暴潮灾害、山洪灾害及冰凌灾害）统计资料和典型大洪水或强降雨造成的灾害损失资料。防洪治涝工程措施现状资料主要包括规划区域内的堤防、水库、河湖治理工程、蓄滞洪区、蓄涝区、分洪道、排水闸、挡潮闸、排水泵站、排水沟道、涵洞、山洪灾害治理工程、水土流失治理状况等资料。防洪治涝非工程措施现状资料主要包括防洪与排涝管理，调度预案或方案，监测预警，洪水风险图，相关政策、法规等资料。经济社会发展规划及相关行业（或部门）规划资料主要包括发改、统计、民政、电力、建设、国土资源、交通、农业、林业、旅游及环保等其他相关行业（或部门）的规划，以及规划区域已编制的地方志等。以往防洪规划及研究资料包括规划区域以往防洪与治涝规划、相关专题研究成果、大水年防汛总结、防洪体系建设现状及存在的主要问题等有关资料。了解防洪规划编制历程、以往对规划关键问题的解决方案等，对收集的所有资料进行系统整理，进行合理性和可靠程度分析，尤其对可靠性较差的有关资料应进行复查核实。

防洪规划设计洪水计算要充分分析气候变化和流域下垫面变化对设计洪涝水的影响，考虑规划条件下的水情变化，提出主要控制断面节点的设计洪水成果，包括设计洪水流量过程线、洪（潮）水位过程线，洪峰流量、时段洪量和设计洪水地区组成等。多沙河流要考虑泥沙影响，提出水沙设计成果。应分析流域暴雨特征、洪水特性，包括雨情特性、天气学特性和统计特性，洪水涨落变化、汛期、年内与年际变化以及洪水地区组成等。设计涝水包括设计排涝流量和设计排渍流量。计算的设计涝水，应与实测调查资料，以及相似地区计算成果进行比较分析，检验其合理性。对同时受洪水、涝水、潮水威胁的区域，需进行洪、涝和潮遭遇分析，研究遭遇的规律。

根据不同地区自然特点、洪涝水状况、经济社会发展情况、受洪水威胁程度、洪涝灾害情况等，结合洪涝水出路安排和防洪减灾体系总体布局，进行防洪区划分。防洪区可划分为防洪保护区、蓄滞洪区和洪泛区。防洪保护区和各类防护对象的防洪标准，应根据经济、社会、政治、环境等因素对防洪安全的要求，按照防洪标准的有关规定，综合论证确定。降低或提高防洪标准时，应进行不同防洪标准条件下可能减免的洪灾经济损失与所需的防洪费用的对比分析，合理确定。

防洪减灾总体规划的制定要在分析流域洪涝水特点、洪涝灾害特征及其演变趋势的基础上，研究确定流域防洪减灾的目标要求，明确指导思想和原则，提出防洪减灾的总体目标、主要任务和总体布局。根据拟定的防洪任务和洪涝水处理安排，重点研究干流和重要支流的控制性枢纽、重要综合利用工程等影响流域防洪全局的战略措施布局，通过方案比选综合确定总体布局方案。选定的方案应尽可能满足各部门、各地区的基本要求，并具有较大的防洪减灾、经济社会与环境的综合效益。在分析比较各防洪规划方案的效益时，应着重考虑其社会效益，在社会效益相仿的条件下，经济效益和生态与环境效益是比选的主要依据。采取扩大行洪断面、裁弯取直等整治河道措施提高河道行洪能力时，应根据沿河土质、河势、水沙特性以及生态环境等因素，研究整治后河道的稳定性及可能在防洪、排涝、通航、引水、泥沙冲淤、岸坡稳定、生态环境等方面对上下游、左右岸的影响，并采取妥善的处理措施。安排分（蓄、滞）洪工程，应根据构建防洪减灾体系的需要，综合确定，并研究工程可能引起的上下游及临近河流河势和洪水位的变化，分析对当地生态与环境的影响。防洪水库和承担防洪任务的综合利用水库，应根据构建流域防洪减灾体系的需要，结合水库条件，经方案比选后确定。防洪方案中有两个以上承担防洪任务的水库时，应研究各自分担的防洪任务和联合运用原则。综合利用水库承担防洪任务时，应研究防洪与兴利相结合的可能性，提高水库的综合利用效益。

城市防洪规划必须在流域防洪规划与城市防洪总体规划、城市规划框架的指导下，遵循《水法》《河道管理条例》《防汛条例》《防洪标准》《城市防洪工程设计规范》《堤防工程设计规范》以及各流域防洪规划等法律法规条例和政策方针，考虑蓄泄兼施、因地制宜的原则，正确处理整体与局部，需要与可能，近期与远景，防洪与兴利等各方面的关系，据此分析研究各种可能的城市防洪措施的利弊和效能，进行综合安排和全面规划。

防洪工程措施是指按照规定的防洪标准，为控制和抵御洪水以减免洪水灾害损失而修建的各种工程，包括水土保持、筑堤防洪与防汛抢险、疏浚与整治河道、分洪、滞洪与蓄洪。

1. 水土保持

这是一种针对高原及山丘区水土流失现象而采取的根本性治山治水措施，它对减少洪灾很有帮助。水土流失是因大规模植被被破坏而形成的一种自然环境被破坏现象。为此，要与当地农田基本建设相结合，综合治理并合理开发水、土资源；广泛利用荒山、荒坡、荒滩植树种草，封山育林，甚至退田还林；改进农牧生产技术，合理放牧、修筑梯田、采用免耕或少耕技术；大量修建谷坊、塘坝、小型水库等工程。这些措施不但有利于尽量截留雨水，减少山洪，增加枯水径流，保持地面土壤防止冲刷，减少下游河床淤积，而且对防洪有利，还能增加山区灌溉水源，改善下游通航条件等。

2. 筑堤防洪与防汛抢险

筑堤是平原地区为了扩大洪水河床以加大泄洪能力，并防护两岸免受洪灾的有效措施，但这种措施必须与防汛抢险相结合，即在每年汛前加固堤防，消除隐患；洪峰来临时监视水情，及时堵漏、护岸，或突击加高培厚堤防；汛后修复险工，堵塞决口等。除堤防工程要防汛外，水库、闸坝等也要防汛，以防止意外事故发生，有时，为了防止特大暴雨酿成溃坝巨灾，还须增建非常溢洪道。

3. 疏浚与整治河道

这一措施的目的是拓宽和浚深河槽、裁弯取直、消除阻碍水流的障碍物等，使洪水河床平顺通畅，从而加大泄洪能力。疏浚是用人力、机械和炸药来进行作业，整治则要修建建筑物来影响水流流态，两者常互相配合使用。内河航道工程也要疏浚和整治，但目的是改善枯水航道，而防洪却是为了提高洪水河床的过水能力。因此，它们的工程布置与要求不同，但在一定程度上可以互相结合。

4. 分洪、滞洪与蓄洪

分洪、滞洪与蓄洪三种措施都是为了减少某一河段的洪峰流量，使其控制在河床安全泄量以下。分洪是在过水能力不足的河段上游适当地点修建分洪闸，开挖分洪水道的渠道。滞洪是利用水库、湖泊、洼地等，暂时滞留一部分洪水，以削减洪峰流量，待洪峰一过，再腾空滞洪容积迎接下次洪峰。蓄洪则是蓄留一部分或全部洪水水量，待枯水期供给兴利部门使用。

上述各种防洪措施，常因地制宜地兼施并用，互相配合。往往要全流域统一规划，蓄泄兼筹，综合治理，还要尽量兼顾兴利需要。在选择防洪措施方案以及决定工程主要参数时，都应进行必要的水利计算，并在此基础上对不同方案进行分析比较，切忌草率确定。

防洪非工程措施是指通过行政、法律、经济等非工程手段，以减少洪水灾害损失的措施，包括：防洪区的科学规划与管理，公民防洪、防灾教育，防洪法律、法规建设，洪水预报、警报和防汛通信，蓄洪及分洪工程合理调度，推行洪水保险，征收防洪基金，防汛抢险，善后救灾与灾后重建等。

防洪工程措施与防洪非工程措施的目的都是防洪减灾。两者的区别在于：防洪工程措施是以修建工程的手段，达到控制洪水、减少洪灾的作用，多属于工程技术问题。防洪非工程措施主要考虑洪灾程度和风险程度，根据保护对象的重要程度不同，实行不同程度的保护。因此，采用法令、行政、经济、技术等手段和通过国家、地方和集体、个人之间的合作，预先安排，以减少洪灾损失，属于规划管理问题。可见，防洪工程措施和防洪非工程措施的作用不同，不能相互替代。在防洪减灾工作中，应把这两种措施有机地结合起来，取长补短，科学配置和联合运用，形成完整的防洪减灾系统。

第五节 其 他 规 划

除了水资源规划、水能规划、防洪规划之外，还有农业灌溉、水环境保护等规划。

一、农业灌溉规划

灌溉的主要任务是：在旱季雨水稀少时，或在干旱缺水地区，用人工措施向田间补充农作物生长必需的水分。

灌溉规划包括灌溉发展现状评价、灌溉需求与水土资源平衡分析、规划指导思想与目标任务、总体布局、主要建设任务、灌溉管理、影响评价、投资估算及实施安排、效果分析与保障措施等内容。

灌溉规划要对水源、地形、土壤、作物种植比例及需水要求等情况进行调查研究，通过不同的方案比较，选择最佳的灌溉系统。灌溉规划的内容包括渠首规划、渠系规划、田间工程规划等。其中渠首规划的任务是确定合适的灌溉水源、渠首位置和灌区范围。渠系规划的任务是把从渠首引入干渠的水量有计划地输送并分配到全灌区的农田中去，满足作物的需水要求，渠系一般包括干渠、支渠、斗渠和农渠。田间工程规划的任务是合理布置最末一级的农渠和农沟之间的灌排体系、田间道路，小型建筑物以及土地平整等，提高灌水工作效率，及时排除田间积水，发挥灌排工程效益，田间工程规划要结合灌溉方式进行。

兴建灌溉工程，首先要选择水源，水源主要如下：

(1) 蓄洪补枯。即利用水库、湖泊、塘坝等拦蓄雨季水量，供旱季灌溉用。

(2) 引取水量较丰的河湖水。流域面积较大的河湖，在旱季还常有较多水量。为此，可修渠引水到缺水地区，甚至可考虑跨流域引水。

(3) 汲取地下水。多用于干旱地区地面径流比较枯涸而地下水资源比较丰富的情况，常需打井汲水。

为配合以上水源，需修建相应的工程。主要包括：

(1) 蓄水工程。如修建水库、塘坝等，或在天然湖泊出口处建闸控制湖水位。蓄水工程常可兼顾防洪或其他兴利需要。

(2) 自流灌溉引水渠首工程。不论是从水库引水或从河湖引水，一般尽量采用自流灌溉方式，这适用于水源水位高于灌区高程的情况。

以设计干旱年的需水流量过程线作为决定渠首设计流量的依据，此外，若需水流量过程线上流量变幅很大，应设法调整灌区各渠段各片的灌水延续时间和轮灌方式，使干渠和渠首设计流量尽可能减小些，以节省工程量和投资。

正确地选择灌水方法是进行合理灌溉、保证作物丰产的重要环节。灌水方法按照向田间输水的方式和湿润土壤的方式分为地面灌溉、地下灌溉、喷灌和滴灌四大类。

随着农业节水技术的不断创新与进步，一些新型的灌溉方式也逐渐得到推广，如膜下滴灌技术、低压管道灌溉技术、波涌灌技术、渗灌技术等，根据作物类型、土壤性质及当地气候等因素合理选择这些灌溉技术，能有效降低田间水量损失，提高水资源的利用效率。

二、水环境保护规划

水环境保护是自然环境保护的重要组成部分，大体上包括：防治水域污染、生态保护及与水利有关的自然资源合理利用和保护等。

地球上的天然水中，经常含有各种溶解的或悬浮的物质，其中有些物质对人或生物有害。尽管人和生物对有害物质有一定的耐受能力，天然水体本身又具有一定的自净能力（即通过物理、化学和生物作用，使有害物质稀释、转化），但水体自净能力有一定限度。如果侵入天然水体的有害物质，其种类和浓度超过了水体自净能力，并且超过了人或生物的耐受能力（包括长期积蓄量），就会使水质恶化到危害人或有益生物的健康与生存的程度，这称为水域污染。污染天然水域的物质，主要来自工农业生产废水和生活污水。

水环境保护规划是一个反复协调决策的过程，通过这个过程，需寻求一个统筹兼顾的最佳规划方案。一个实用的最佳规划方案应该使整体与局部、局部与局部、主观与客观、现状与远景、经济与社会环境、需要与可能等各方面协调统一，在具体工作中又往往表现为社会各部门各阶层之间的协调统一。概括起来，规划过程可分为四个环节，即规划目标、建立模型、模拟优化以及评价决策，每个环节都有各自相应的工作，且各个环节的工作内容往往又是相互穿插和反复进行的。水环境保护规划中的主要技术措施包括水功能区划、水质监测、水质评价、水污染防治等。

1. 水功能区划

水功能区划是水资源规划和保护的一项基础性工作。水资源对人类社会具有各种使用功能和用途，不同功能对水质的要求也不同，水功能区划的目的在于按照水功能区的目标要求进行水环境反馈管理和污染控制，使有限的水资源发挥最大的经济、社会和环境效益，在合理开发利用水资源的同时，不破坏水域的保护目标，以促进我国经济和社会的可持续发展。

我国水功能区划采用二级体系，即一级功能区划（流域级）和二级功能区划（省、市级）。一级功能区划包括保护区、保留区、开发利用区和缓冲区四类。它从宏观上解决水资源开发利用和保护的问题，站在可持续发展的高度协调地区间用水关系。一级功能区的划分对二级功能区划分具有宏观指导作用。一级功能区划中的缓冲区是为协调省际矛盾突出的地区用水关系，以及在保护区与开发利用区之间为满足保护区水质而划定的水域。根据水功能区划分技术导则，缓冲区范围的大小由行政区协商划定，省际和功能区间水质差异较大时缓冲区可大一些，反之则可小一些。一级水功能区由流域管理机构会同流域内省级人民政府水行政主管部门划分确定。

二级功能区划主要协调用水部门之间的关系，它是在一级功能区划的基础上对开发利用区进行的细划，包括饮用水源区、工业用水区、农业用水区、渔业用水区、景观娱乐用水区、过渡区和排污控制区七类，其中，排污控制区与过渡区的划分是二级功能区划中最复杂的，也是最敏感的环节。

2. 水质监测

水质监测是为了掌握水体质量动态，对水质参数进行测定和分析，它是水环境保护规划以及水污染防治的基础。

在监测技术方面，当前监测分析手段有物理、化学和生物学的方法，监测要求是具有完整性、及时（瞬时）性、连续性和精确性。在进行水质监测时，要对监测参数、采样地点、采样频数、采样时间、采样方法以及样品保管、运输、分析方法、统计方法等多方面进行规划设计。在贯彻执行《水质监测规范》时，长江水环境保护规划局还编制了《底质监测技术规定》和《水生生物监测技术规定》，适用于不同水系、不同水质特点的水质监测技术和水质分析方法的研究，受到了各大流域单位的重视。

近几年水质监测工作范围不断扩大，部分省市开展了地下水水质和降水水质监测、城市暴雨径流水质监测、矿泉水的水质化验分析、饮用水水源地的水质动态监测、主要排污口的水质监测、水污染的沿程监测、污水团的追踪监测等。此外，有关部门通过编制水资源质量年报、水质简报、水质季报和整编水质年鉴等多项工作，为水环境保护规划和国民经济建设提供服务。

3. 水质评价

水质评价是水资源污染治理、衡量水环境保护规划效果的标准之一，它是根据水体的用途，按照一定的评价参数、水环境质量标准和评价方法，对水体质量进行定性或定量评定的过程。水环境质量预测是根据水体质量的历史资料或现状，结合未来人口和经济的发展需求，经过定性的经验分析或通过水质数学模型的计算，探讨水环境质量的变化趋势，为控制水污染的计划和决策提供依据。

对水质评价，可按时间分为回顾评价、预断评价；按用途分为生活饮用水评价、渔业水质评价、工业水质评价、农田灌溉水质评价、风景和游览水质评价；按水体类别分为江河水质评价、湖泊水库水质评价、海洋水质评价、地下水水质评价；按评价参数分为单要素评价和综合评价；对同一水体更可以分别对水、水生物和底质评价。

4. 水污染防治

尽管在水资源规划时要将水污染作为一个约束条件，避免走上"先污染后治理"的老路，但是我国当前的经济情况决定了无论怎么预防也不能彻底消灭所有污染源。人类在生活和生产过程中必然会排放出各种各样的废污水，这就要求必须妥善地处理废污水。

我国严重的水污染现象形成的原因包括：人口增加和经济增长的压力；工业结构不合理及粗放型的发展模式；废水处理率不高，大量废水在没有净化达标的情况下直接排放；面源污染严重，没有采取有效措施控制；环境保护意识淡薄、环境管理措施跟不上、环境执法力度不够；排污收费等经济制约机制还不完善。

水资源管理和保护效果与社会—经济—自然复合生态系统可持续地、稳定地发展密切相关。水资源管理和保护体制法规的不断完善，技术方法的创新性研究，不仅有助于国家决策，主管部门和公众加深水利对国民经济发展和社会进步的保障和支撑作用的认识，而且能充分展现水资源管理的科学性、优越性，进而使人们更自觉地按照经济发展规律合理配置水资源、优化水资源管理、科学制定水利发展规划；不仅有利于政府对整个国民经济的宏观调控，而且有利于对国民经济实施产业结构调整和优化，也有利于水利自身的发展。

思 考 题

1. 简述水资源综合利用规划的原则。
2. 水资源规划包括哪些内容？
3. 集中水能的开发方式主要有哪几种？
4. 防洪工程措施和非工程措施有哪些？
5. 灌溉规划包括哪些内容？
6. 水环境保护规划的主要技术措施有哪些？

第三章 水库调度基本知识

第一节 水库调度的任务、内容与分类

水库调度是利用水库的调蓄能力，按一定规则有计划地对入库径流进行的蓄泄安排。水库调度是一种控制运用水库的技术管理方法，是根据各用水部门的合理需要，参照水库每年蓄水情况与预计的可能天然来水及含沙情况，有计划地合理控制水库在各个时期的蓄水和放水过程，亦即控制其水位升、降过程。一般在设计水库时，要提出预计的水库调度方案，而在以后实际运行中不断修订校正，以求符合客观实际。在制订水库调度方案时，要考虑与其他水库联合工作互相配合的可能性与必要性。下面分别从水库调度的任务原则、工作内容、分类特点对水库调度进行概述。

一、水库调度的任务与原则

水库调度的基本任务有以下三项：一是确保水库大坝安全并承担水库上、下游防洪任务；二是保证满足电力系统的正常供电和其他有关部门的正常需水要求；三是尽可能充分利用河流水能，多发电，使电力系统工作更经济。

为完成上述任务，进行水库调度所必须遵循的基本原则是：在确保水电站水库大坝工程安全的前提下，分清发电、防洪与生态及其他综合利用任务之间的主次关系，统一调度，使水库的综合效益尽可能最大，当大坝工程安全与满足供电、防洪和生态及其他用水要求发生矛盾时，应首先考虑大坝安全；当供电的可靠性与经济性发生矛盾时，应首先满足可靠性的要求。

二、水库调度的工作内容

水库调度的主要工作内容是：编制水电站水库运行的调度方案和计划；按照运行调度方案和计划，灵活进行日常的实施操作调度；做好与上述工作有关的其他工作，如收集与校核基本资料，开展水文气象预报，制定和建立水利水电系统规划与调度规程及有关工作制度，做好运行调度总结及开展有关问题的科学研究等。

1. 编制年、季、月、旬发电计划

参照长期水文气象预报成果与保证率典型年相结合的方法，确定年度的生产计划。在每年的年初向上级及主管部门提出报告。年度计划确定后，也应根据水文气象情况修正预报，结合当时的实际运行情况进行逐季、逐月、逐旬的计划修正工作，以满足各经济部门的要求。

2. 编制洪水调度方案

根据设计的原则、主管部门的指示及有关规定、设计频率的洪水或水文预报成果、各

综合利用部门的要求，进行洪水调节计算，统筹兼顾地得出各时期水库控制水位和各种洪水的泄流量，编制水库的洪水调度方案。

3. 水文气象预报

充分发挥水库效益的关键，在于对来水的正确估计。有足够精度的长、中、短期水文气象预报，在一般年份能较好地指导水库蓄泄，在确保大坝安全与满足最低供电要求的原则下，多蓄水、多发电；遇特大、特小水年时，也可预先制定措施。因此，开展水文气象预报工作是十分必要的。

在长、中、短三种预报结合应用时，一般是以长期预报作为调度的控制，以中期预报进行逐月、逐旬用水计划的修正。

4. 日常工作

水利水电系统规划与调度关系着工业、农业、交通运输等生产的发展及广大人民生命财产的安全。在汛期各种矛盾尤为突出，因此，应设值班人员，密切监视雨情、水情、工情及电厂运行情况，并做好调度日记和值班记录，及时向上级汇报，给领导当好参谋、助手，尽快解决各方面的矛盾，对于上级的指示要及时传达。

主要的具体工作有收集上下游雨量站及水文站的雨情和水情，进行流域平均雨量的计算、水库水量平衡的计算，编制洪水预报和泄洪方案等。

5. 对外联系

（1）按规定向有关防汛指挥部门汇报水库和电厂运行情况，一般电厂只在汛期汇报即可，对于重要电厂，要常年进行汇报。

（2）向电厂所在的电力系统提供年、季、月的生产计划及调度意见，接受系统调度的指示及任务，定时（如逐日）向系统汇报电厂的运行情况。对于梯级电厂之间，也应定时联系，互通水情，协商调度方式。

（3）与上下游涉及的防洪和兴利的有关单位联系，平时应了解他们的情况以及对电厂的要求，当水库开始泄洪、供水、排沙或关闸时，应事先通知各有关单位，及早采取措施，避免不必要的损失。

6. 汛后总结

在每年的汛后或年底，回顾当年的水利水电系统规划与调度情况，总结经验找出问题。总结的主要内容有以下几个方面：

（1）当年各时期所发生的问题。

（2）将预报与实况进行比较，统计预报精度。

（3）检查调度计划执行的情况。

（4）主要经验教训。

（5）当年的水库运行实测资料也可整理纳入总结中，如上下游水位、出入库流量、蒸发量、发电量、耗水率、装机利用小时等。

7. 水库运行参数的复核

当电厂投入运行后，随着时间的延续，原来据以规划、设计选择水电厂及其水库参数的一些基本资料、条件和任务等，将会发生这样或那样的变化，主要有以下几个方面：

（1）在自然条件方面，由于水文气象观测资料与设计时采用的资料已经有所区别，以及由于水库的形成及流域内人类活动的影响，使水库的来水特性（包括年径流特性、洪水特性和蒸发量等）发生变化。

（2）在水电厂和水库担负的任务方面，由于国民经济的发展和工农业生产的需要，电力系统对水电厂的电量、出力要求亦有变化，电厂的运行方式有所改变，水库的综合利用任务（如防洪、灌溉、航运、给水等）也可能会加重。

（3）在工程和设备方面，由于施工安装期间各种条件（如施工条件、设备制造条件、自然地理条件等）发生变化，电厂及其水库的某些工程和设备项目的规模，与原设计相比做了修改。原设计中有的工程设备（如泄洪、引水设备、水轮发电机组）其特性在运行中也会发生变化。

由于上述变化将会直接影响到水电厂及其水库的运行方式及效益，为使运行调度计划更符合实际，对电厂及水库的参数进行复核、修正是十分必要的。

参数复核、修正工作主要包括以下三个方面：

（1）基本原始资料的复核。首先是水文特性复核，即年径流和设计洪水的复核，另外还包括水库特性、下游水位流量关系、泄洪、引水设备的特性，水轮发电机组的动力特性等的复核。这项工作应列为水电厂运行管理单位的经常性工作，视具体情况，每隔5～10年进行一次，可通过实际和现场实验来完成。

（2）发电、兴利参数的复核。在基本资料复核的基础上，对电厂保证出力、平均发电量、装机容量、正常蓄水水位及工作深度等进行复核。

（3）防洪安全的复核。由于水库形成后洪水变形和洪水资料的改变或本地区出现了特大洪水等，而引起设计洪水的变化，应对防洪库容及相应的一些特征水位进行复核。

上述复核工作如需要时，应由上级主管部门组织设计等单位参加，共同完成复核工作，并以原设计部门为主，将复核成果上报主管部门审批。

三、水库调度的分类与特点

（一）水库调度的分类

水库调度可按不同用途、不同目的进行分类，一般有以下几种方式。

1. 按水库目标分

（1）防洪调度。防洪调度方式是根据河流上、下游防洪及水库的防洪要求、自然条件、洪水特性、工程情况综合拟定的。为此，必须绘制防洪调度线，该线是指为满足安全拦蓄设计洪水的要求，汛期各时刻水库必须预留（腾空）的库容的指示线，其作用是指示何时需要启闭泄洪闸门进行泄洪控制。

（2）兴利调度。兴利调度一般包括发电调度、灌溉调度以及工业、城市供水与航运对水库调度等。

工业及城市供水的显著特点就是要求保证率高，一般要求保证率为95%～98%，年内供水过程，除了受季节影响略有波动外，一般比较均匀，对供水水质要求较高，供水时应按国家规定控制污染物及泥沙下泄。以供水为主要任务的水库调度与灌溉调度类似，分正常供水、降低供水与加大供水等区域。在正常供水区只是在向下游供水时才发电，当库水位处于正常供水区以上，可以多泄流加大发电以扩大经济效益。

第三章 水库调度基本知识

航运对水库调度的要求：航运方面要求水库下泄流量不小于某一最低通航流量；如果水电站进行日调节，则要求下游水位的日变幅与时变幅不大于航运要求的数值，另外，还要求平均流速与表面流速不大于航运要求的数值。

水库上游的库水位不要消落过快，尽可能保持较长时间的高水位，更不要消落到死水位以下，另外尽量在水库调度中控制泥沙，尽可能避免航道的淤积。

(3) 综合利用调度。如果水库有发电、防洪、灌溉、给水、航运等方面的任务，则在绘制调度曲线时，应根据综合利用原则，使国民经济各部门要求得到较好的协调，使水库获得较好的综合利用效益。

其他如环境因素、控制泥沙淤积以及防凌等对水库调度有一定要求时，请参看有关书籍。

2. 按水库数目分

(1) 单一水库调度。随着水利水电建设事业的发展，单一水库运行情况愈趋减少。为了说明绘制水库调度的原则、方法，多从基本的最简单的单一水库入手，进而引申到水库群的联合调度。

(2) 水库群的联合调度。水库群联合调度就其结构形式一般可有三种：

1) 并联水库。系指电力系统中位于不同河流上或位于同一河流的不同支流上的水库群。不同河流上的各水库水电站之间有电力联系而没有水力联系。但在同一河流不同支流上的并联水库水电站群之间，除有电力联系外，还要共同保证下游某些水利部门的任务，例如防洪等，因之常有水力联系。

2) 梯级水库群，又称串联水库群。位于同一条河流的上、下游形成串联形式的水库群。各水电站之间有着直接的径流联系，有时在落差和水头上也互有影响，故称有水力联系的梯级水库群。

3) 混联水库群。是串联与并联的组合形式，是位于同一河流或不同河流上更一般的水库水电站形式。这些水电站群之间有的有水力联系，有的没有水力联系，又因处于同一电力系统中而有电力联系，情况是多种多样的。

3. 按调度周期分

水库调度实际是确定水库运用时期的供、蓄水量和调节方式。根据水库运用的周期长短可分长期调度和中、短期调度。

(1) 长期调度。对于具有年调节以上性能的水电站水库，首先要安排调节年度内的运行方式、供水、蓄水，这就是人们所说的长期调度，具体内容是以水电厂水库调度为中心，包括电力系统的长期电力电量平衡、设备检修计划的安排、备用方式的确定、水库入流预报及分析、洪水控制和水库群优化调度等。长期调度是短期调度的基础。

(2) 短期调度与厂内经济运行。短期调度通常又称水火电厂短期经济运行，主要研究的是电力系统的日（周）电力电量平衡；水火电厂有功负荷和无功负荷的合理分配；负荷预测；电网潮流和调频调压方式；备用容量的确定和合理接入方式；水电厂水库的日调节和上游水位变动、下游不稳定流对最优运行方式的影响等。

对厂内经济运行，主要研究的是电厂动力设备的动力特性和动力指标；机组间负荷的合理分配；最优的运转机组数和机组的起动、停用计划；机组的合理调节程序和电能生产的质量控制及用计算机实现经济（优化）运行实时控制等。

（二）水库调度的特点

1. 运行经济性

水能资源是一种天然的再生能源，在梯级或流域水电站系统可重复利用。水电站年发电量的多少主要取决于年来水径流的大小和水电站水库调度管理方法，而其运行管理费用基本上与发电量无关。因此，应采取科学方法合理利用调节库容，进行厂内机组间负荷优化分配，尽量提高水量利用率、降低耗水率，达到利用水能多发电能的目的，同时也可以减少火电站和核电站资源的消耗，提高电力系统供电的经济性。

2. 调度灵活性

水电站及水库各种工程和机电设备，如水轮机等动力设备，各种取、用、泄水建筑物具有启闭迅速、工作灵活的特点，能适应电力负荷急剧变化及供水多变的要求，所以水电站一般在电力系统中承担调峰、调频及调相任务。

3. 效益综合性

河流水系是一个整体，其水能资源和水资源密切相关，它们的利用和保护涉及国民经济各部门和社会各方面。水电站和水库的运行调度方式直接影响其上下游、左右岸各部门、各方面的安全和利益，所以为了合理利用和保护水资源及水能资源、综合治理河流，各部门、各地区都应该服从全局，协调相互的利害关系，分工协作，进行统一调度，争取获得最大综合效益。

4. 信息随机性

如果将水电站及水库作为一个系统进行研究，其输入为河川径流，输出为电力负荷和其他用水，由于调节库容和装机规模等系统参数已知，影响系统运行方式主要是输入和输出，但其输入和输出信息均具有很大的随机性。

河川径流是在各种地球物理因素综合作用下形成的，在时间上的变化是一种随机过程，其随机性既表现为年际间径流量差别很大，年内径流变化又具有明显的季节性，即有丰水期和枯水期之分，虽然具有以多年、年或季等周期的变化规律，但总体上是随机的。

受工农业及国民经济各部门发展、居民生活水平的提高、气候或季节变化等因素的影响，电力系统的负荷过程也具有一定的随机性，电力系统规模越大，负荷的随机性越强。相比较而言，虽然其他用水也有随机性，但其确定性则占主导部分。

5. 决策风险性

正是由于系统输入输出信息具有随机性，从而导致系统决策具有风险性。对于中长期调度而言，由于难以准确预测入库径流过程，因而水电站及其水库的输出和运行调度方式必然要冒一定风险；对防洪来说，虽然可以通过水库调洪及其他防洪措施减少洪水灾害，但若出现未能预料的特大洪水或调度方法与措施不当时，水电站水库大坝本身安全和防洪保护对象也有可能受到洪水威胁；受水资源随机多变的影响，特枯水年份，水电站和电力系统的正常工作就可能遭受破坏；类似地，其他兴利要求也不可能完全得到满足，也会具有一定风险。

做好水电站及其水库运行调度的主要目的就是要尽量将这些风险限制在规定范围内，使遭破坏所带来的损失最小，并获得尽可能大的综合效益，更好地满足电力及其他有关部门的要求。

6. 系统复杂性

水电站及其水库是水利系统与电力系统的重要组成单元。作为电力生产的水电站，其运行方式不仅与输电网络、电网负荷需求有关，还与电网内其他电源具有电力或水力联系。作为径流调节的水库，其调度方式与天然径流时空特性、洪水特性、国民经济各部门和社会各方面用水需求和防洪要求、其他水利工程调度等关系密切，所以，水电站及其水库运行调度问题本身十分复杂。

水电站及其水库运行调度需要综合运用自然科学、社会科学及工程技术等诸多知识和研究成果，如系统优化理论、自动控制理论、现代数学方法及计算机技术，还涉及水文气象、生态环境、工业、农业、经济、管理、电力、机电设备、通信、自动化等许多专业知识。因此，水电站及其水库运行调度需要配备具有多种专业知识的技术人员、具有理论先进和技术成熟的专业应用软件。

第二节 水库调度的基本资料

一、流域特性资料

河流某一断面以上的集水区域称为河流在该断面的流域。当不指明断面时，流域是对河口断面而言的。流域的边界为分水线，即实际分水岭山脊的连线。流域是河流的供水源地，因此河川径流的情势取决于流域特征。流域特征包括几何特征和自然地理特征。

1. 几何特征

（1）流域面积（F）。流域面积的确定，一般可在 1∶50000 的地形图上勾绘出分水线所包围的面积，然后用求积仪或数方格的办法量出，单位为 km^2。流域面积是衡量河流大小的重要指标。在其他条件相同的情况下，河川径流的多少取决于流域面积的大小，所以一般河流的水量总是从河源到河口越往下游水量越丰富。

（2）流域长度（L）。一般是指流域轴线长度，单位为 km。从河口到河源画若干条大致垂直于干流的直线与分水线相割，连接各割线的中点就得到流域长度。常用干流长度代替。

（3）流域平均宽度（B）。它是流域面积 F 与流域长度 L 的比值，即 $B=\dfrac{F}{L}$，单位为 km。

（4）流域形状系数（K）。它是流域平均宽度与流域长度的比值，即 $K=\dfrac{B}{L}$，K 值越小，流域越狭长。

2. 自然地理特征

流域的自然地理特征包括流域的地理位置、气候条件、地形特征、地质构造、土壤特性、植被覆盖、湖泊、沼泽、塘库等。

（1）地理位置。主要指流域所处的经纬度以及距离海洋的远近。一般是低纬度和近海地区雨水多，高纬度地区和内陆地区降水少。如我国的东南沿海一带雨水就多，而华北、西北地区降水就少，尤其是新疆的沙漠地区更少。

（2）气候条件。主要包括降水、蒸发、温度、风等，其中对径流作用最大的是降水和蒸发。

（3）地形特征。流域的地形可分为高山、高原、丘陵、盆地和平原等，其特征可用流域平均高度和流域平均坡度来反映。同一地理区域，不同的地形特征将对降雨径流产生不同的影响。

（4）地质构造与土壤特性。流域地质构造、岩石和土壤的类型以及水力性质等都将对降水形成的河川径流产生影响，同时也影响流域的水土流失和河流泥沙。

（5）植被覆盖。流域内植被可以增大地面糙率，延长地面径流的汇流时间，同时加大下渗量，从而使地下径流增多，洪水过程变得平缓；另外，植被还能减少水土流失，降低河流泥沙含量，涵养水源；大面积的植被还可以调节流域小气候，改善生态环境等。植被的覆盖程度一般用植被面积与流域面积之比的植被覆盖率表示。

（6）湖泊、沼泽、塘库。流域内的大面积水体对河川径流起调节作用，使其在时间上的变化趋于均匀；还能增大水面蒸发量，增强局部小循环，改善流域小气候。通常用湖泊、沼泽、塘库的水面面积与流域面积之比来表示湖沼率。

二、河川径流特性资料

为了编制合理的水库运行调度方案，必须掌握水库所在河流以往和未来的径流变化规律，即河川径流特性。

（一）水库的防洪设计标准

在河流上修建水库，通过其对洪水的拦洪削峰，可防止或减轻甚至消除水库下游地区的洪水灾害，但是，若遇特大洪水或调度运用不当，大坝失事也会形成远远超过天然洪水的溃坝洪水，如板桥水库1975年8月入库洪峰流量13100m³/s，溃坝流量竟达79000m³/s，造成了下游极大的损失。因此，防洪设计中除考虑下游防护对象的防洪要求外，更应确保大坝安全。下游防洪要求和大坝等水工建筑物本身防洪安全要求一般通过防洪设计标准（常用洪水发生频率或重现期表示）来体现。关于水利水电工程本身的防洪标准，是先根据工程规模、效益和在国民经济中的重要性，参照《水利水电工程等级划分及洪水标准》（SL 252—2017）的规定，将水利水电枢纽工程分为5个等别，见表3-1。而枢纽工程中的各种水工建筑物，如工程运行期间使用的永久性水工建筑物（主要建筑物、次要建筑物）又按照其所属的枢纽工程的等别、该水工建筑物本身的作用和重要性分为5个级别，见表3-2。

永久性水工建筑物所采用的洪水标准，分为正常运用（设计标准）和非常运用（校核标准）两种。通常用正常运用的洪水来确定水利水电枢纽工程的设计洪水位、设计泄洪流量等水工建筑物设计参数，该正常运用的洪水称为设计洪水。设计洪水发生时，应保证工程能正常运用，一旦出现超过设计标准的洪水，则一般就不能保证水利工程的正常运用了。由于水利工程的主要建筑物一旦破坏，将造成灾难性的损失，因此规范规定洪水在短时期内超过设计标准时，主要水利工程建筑仍不允许破坏，仅允许一些次要建筑物损毁或

表 3-1 水利水电工程分等指标

工程等别	工程规模	水库总库容/亿 m³	防洪 保护城镇及工矿企业重要性	保护农田/万亩	治涝 治涝面积/万亩	灌溉 灌溉面积/万亩	供水 供水对象重要性	发电 装机容量/万 kW
Ⅰ	大（1）型	≥10	特别重要	≥500	≥200	≥150	特别重要	>120
Ⅱ	大（2）型	10～1.0	重要	500～100	200～60	150～50	重要	120～30
Ⅲ	中型	1.0～0.10	中等	100～30	60～15	50～5	中等	30～5
Ⅳ	小（1）型	0.10～0.01	一般	30～5	15～3	5～0.5	一般	5～1
Ⅴ	小（2）型	0.01～0.001		<5	<3	<0.5		<1

注 1. 水库总库容指水库最高水位以下的静库容。
2. 治涝面积和灌溉面积均指设计面积。
3. 1 亩 = 1/15 hm²。

表 3-2 永久性水工建筑物级别

工程等别	主要建筑物级别	次要建筑物级别	工程等别	主要建筑物级别	次要建筑物级别
Ⅰ	1	3	Ⅳ	4	5
Ⅱ	2	3	Ⅴ	5	5
Ⅲ	3	4			

失效，这种情况就称为非常运用条件或标准，按照非常运用标准确定的洪水称为校核洪水。按照满足在设计标准的洪水条件下，进行正常运用要求而设计的水工结构，有时也是可以满足在校核洪水条件下进行非常运用的要求，不过有时也不能满足。因此，一般都要求同时提供两种标准的洪水情况，分别进行设计与校核，保证在两种运用条件下，主要建筑物都不破坏。

防洪保护对象的防洪标准，应根据防护对象的重要性、历次洪水灾害及其对政治经济的影响，按照《防洪标准》（GB 50201—2014）的规定分析确定。

（二）水库的设计保证率

由于河川径流具有多变性，年际、年内水量均不相同，如果在稀遇的特殊枯水年份也要求保证各兴利部门的正常用水需要，势必要加大水库的调节库容和其他水利设施建设。这样做在技术上可能有困难，在经济上需要消耗更多的人力、物力和财力，显然不经济也不合理。为此，一般不要求在将来水库使用期间能绝对保证正常供水，而允许水库可适当减少供水量。因此，必须研究各用水部门允许减少供水的可能性和合理范围，定出多年工作期间用水部门正常工作得到保证的程度，即正常供水保证率，或简称设计保证率。由此可见，设计保证率是指工程投入运用后的多年期间用水部门的正常用水得到保证的程度，常以百分数表示。

设计保证率通常有年保证率和历时保证率两种形式。

1. 年保证率 $P_设$

年保证率是指多年期间正常工作年数（即运行总年数与允许破坏年数之差）占运行总年数的百分比，即

$$P_{设}=\frac{正常工作年数}{运行总年数}=\frac{运行总年数-允许破坏年数}{运行总年数}\times100\% \qquad (3-1)$$

所谓允许破坏年数，包括不能维持正常工作的任何年份，不论该年内缺水时间的长短和缺水数量的多少。

2. 历时保证率 $P'_{设}$

历时保证率是指多年期间正常工作的历时（日、旬或月）占总运行历时的百分比，即

$$P'_{设}=\frac{正常工作时间（日、旬或月）}{运行总时间（日、旬或月）}\times100\% \qquad (3-2)$$

年保证率 $P_{设}$ 和历时保证率 $P'_{设}$ 之间的换算式为

$$P_{设}=\left(1-\frac{1-P'_{设}}{m}\right)\times100\% \qquad (3-3)$$

式中：m 为破坏年份的破坏历时与总历时之比，可近似按枯水年份供水期持续时间与全年时间的比值来确定。

采用什么形式的保证率，可视用水特性、水库调节性能及设计要求等因素而定。如灌溉水库的供水保证率常采用年保证率；航运和径流式水电站，由于它们的正常工作是以日数表示的，故一般采用历时保证率。

设计保证率是水利水电工程设计的重要依据，其选择是一个复杂的技术经济问题。若选得过低，则正常工作遭破坏的概率将会增加，破坏所引起的国民经济损失及其不良影响也就会加重；相反，如选得过高，用水部门的破坏损失虽可减轻，但工程的效能指标就会减小（如库容一定时，保证流量就减小），或工程投资和其他费用就要增加（如用水要求一定时，库容要加大）。所以，应通过技术经济比较分析，并考虑其他影响，合理选定设计保证率。由于破坏损失及其他后果涉及许多因素，情况复杂，难以确定，目前在设计中主要根据生产实践积累的经验，并参照规范选用设计保证率。

选择水电站设计保证率时，要分析水电站所在电力系统的用户组成和负荷特性、系统中水电容量比重、水电站的规模及其在系统中的作用、河川径流特性及水库调节性能，以及保证系统用电可能采取的其他备用措施等。一般来说，水电站的装机容量越大，系统中水电所占的比重越大，系统重要用户越多，河川径流变化越剧烈，水库调节性能越高，水电站的设计保证率就应该取大一些，可参照表3-3提供的范围，经分析选定水电站的设计保证率。

表3-3　　　　　　　　　　　水电站设计保证率

电力系统中水电容量比重/%	<25	25～50	>50
水电站发电设计保证率/%	80～90	90～95	95～98

选择灌溉设计保证率应根据灌区土地和水资源情况、农作物种类、气象和水文条件、水库调节性能、国家对该灌区农业生产的要求以及工程建设和经济条件等因素进行综合分析。一般来说，灌溉设计保证率在南方水源较丰富地区比北方地区高，大型灌区比中小型灌区高，自流灌溉比提水灌溉高，远景规划工程比近期工程高，可参照表3-4，适当选定灌溉设计保证率。

表 3-4 灌溉设计保证率

地区特点	农作物种类	年设计保证率/%
缺水地区	以旱作物为主	50～75
	以水稻为主	70～80
水源丰富地区	以旱作物为主	70～80
	以水稻为主	75～95

由于工业及城市居民给水遭到破坏时，将会直接造成生产上的严重损失，并对人民生活有极大影响，因此给水保证率要求较高，一般在95%～99%（年保证率），其中大城市及重要的工矿区可选取较高值。即使在正常给水遭受破坏的情况下，也必须满足消防用水、生产紧急用水及一定数量的生活用水。

航运设计保证率是指最低通航水位的保证程度，用历时（日）保证率表示。航运设计保证率一般按航道等级结合其他因素由航运部门提供。一般一、二级航道保证率为97%～99%，三、四级航道保证率为95%～97%，五、六级航道保证率为90%～95%。

三、水库特性资料

（一）水库地形特性

水库是指在河道、山谷等处修建水坝等挡水建筑物形成蓄集水的人工湖泊。水库的作用是拦蓄洪水，调节河川天然径流和集中落差。水库特征是指水库地形特征，如库区地形开阔，河道纵坡缓，水库的蓄水容量大；反之，若库区地形狭窄，河道纵坡陡，即使坝高，其蓄水量也不一定大。一般把用来反映水库地形特征的曲线称为水库特性曲线，它包括水库水位-面积关系曲线和水库水位-容积关系曲线，简称为水库面积曲线和水库容积曲线，是最主要的水库特性资料。

1. 静库容曲线

静库容曲线是假设水库内水流流速为零，水面呈静止的水平状态而绘制的不同坝前水位下的水面面积曲线、水位容积曲线。

（1）水位面积曲线。水库面积曲线是指水库蓄水位与相应水面面积的关系曲线。水库的水面面积随水位的变化而变化。库区形状与河道坡度不同，水库水位与水面面积的关系也不尽相同。水库面积曲线反映了水库地形的特性。

绘制水库面积曲线时，一般可根据1:10000～1:5000比例尺的库区地形图，用求积仪（或按比例尺数方格）计算不同等高线与坝轴线所围成的水库的面积（高程的间隔可用1～2m或5m），然后以水位为纵坐标、水库面积为横坐标，点绘出水位-面积关系曲线，如图3-1所示。

（2）水位容积曲线。水库容积曲线也称为水库库容曲线，它是水库面积曲线的积分形式，即库水位Z与累积容积V的关系曲线。其绘制方法是：首先将水库面积曲线中的水位分层，其次自河底向上逐层计算各相邻高程之间的容积ΔV。

假设水库形状为梯形台，则各分层间容积计算公式为

$$\Delta V = (F_i + F_{i+1})\Delta Z/2 \tag{3-4}$$

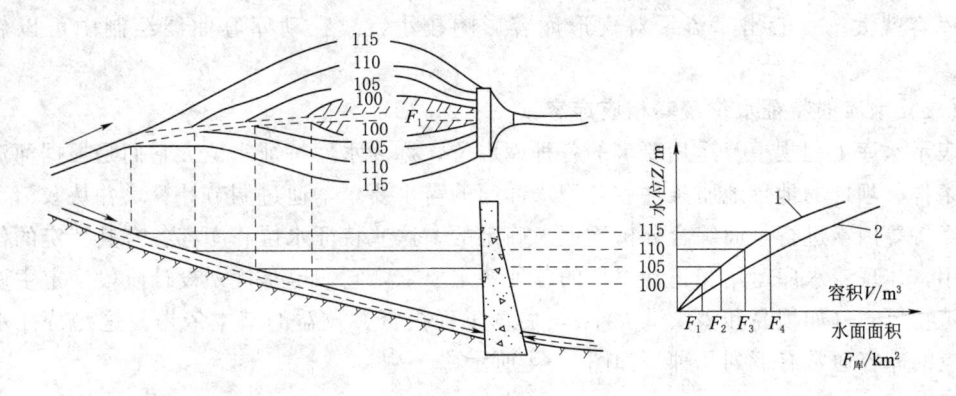

图 3-1 水库特性曲线示意图
1—水库面积曲线；2—水库容积曲线

式中：ΔV 为相邻高程间库容，m^3；F_i、F_{i+1} 为相邻两高程的水库水面面积，m^2；ΔZ 为高程间距，m。

或用较精确公式表示为

$$\Delta V = (F_i + \sqrt{F_i F_{i+1}} + F_{i+1}) \Delta Z / 3 \tag{3-5}$$

然后自下而上依次叠加，即可求出各水库水位对应的库容，从而绘出水库库容曲线。

$$V = \sum_{i=1}^{n} \Delta V_i \tag{3-6}$$

2. 动库容曲线

由于水库随时都有流量汇入（汛期尤为如此），因此水库沿程各过水断面都具有一定的流速，即有一定的水力坡向上的壅水曲线，直至与库尾的天然水面相切，此即回水曲线。当入库流量为零时，静止的自由水面以下的库容称为静库容。当入库流量不为零时，静库容相应的坝前水位水平线以上与回水曲线之间包含的部分称为楔形库容。回水曲线与坝前水位水面下的静库容之和，总称为动库容。以入库流量为参数的坝前水位与计入动库容的水库容积之间的关系曲线，称为动库容曲线，如图 3-2、图 3-3 所示。

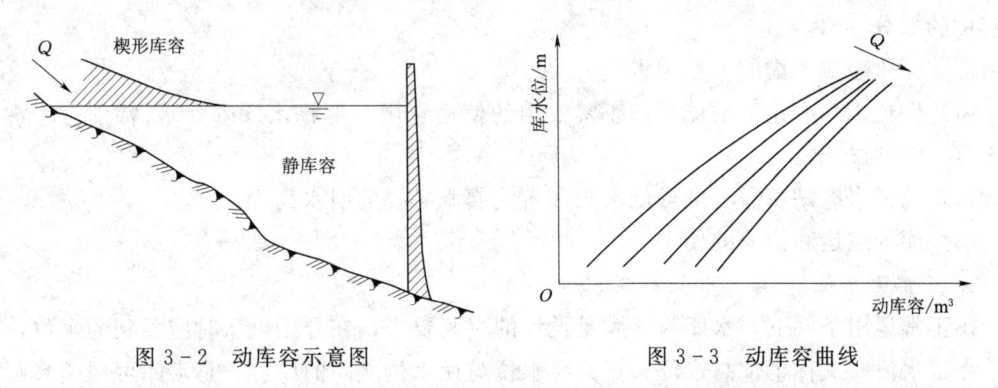

图 3-2 动库容示意图　　　　图 3-3 动库容曲线

实践证明，在调洪计算中采用动库容比采用静库容更接近实际，尤其库区尾部比较开阔、楔形库容所占比重较大的水库更应采用动库容进行调洪计算。楔形库容的大小与坝前水位、库区地形、入库流量和出库流量有关。坝前水位高，入库流量大，库区地形开阔，楔形库容就大。一般出库流量对楔形库容影响较小，故在动库容曲线绘制中可以忽略不计。

（二）水库的特征水位及其相应库容

表示水库工程规模及运用要求的各种库水位，称为水库特征水位。它们是根据河流的水文条件、坝址的地形地质条件和各用水部门的需水要求，通过调节计算，并从政治、技术、经济等因素进行全面综合分析论证来确定的。这些特征水位和库容各有其特定的任务和作用，体现着水库运用和正常工作的各种特定要求，它们也是规划设计阶段确定主要水工建筑物尺寸（如坝高和溢洪道大小），估算工程投资、效益的基本依据。这些特征水位和相应的库容通常有下列几种，如图 3-4 所示。

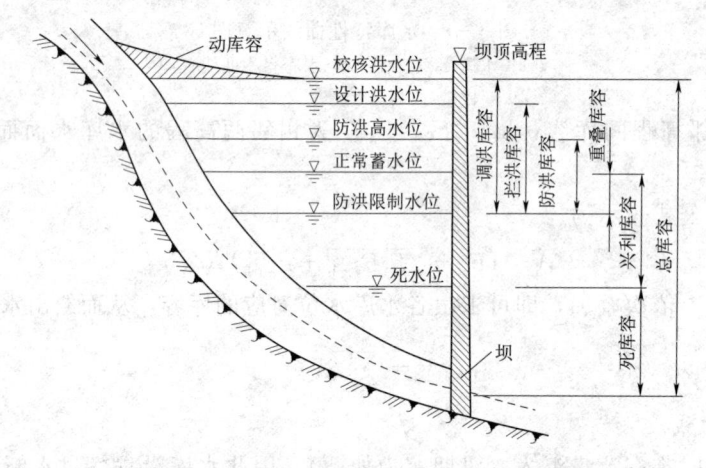

图 3-4 水库特征水位及其相应库容示意图

1. 死水位（$Z_{死}$）和死库容（$V_{死}$）

水库在正常运用情况下，允许消落的最低水位，称为死水位。死水位以下的水库容积称为死库容。水库正常运行时蓄水位一般不能低于死水位，除非特殊干旱年份，为保证紧要用水，或其他特殊情况，如战备、地震等要求，经慎重研究，才允许临时泄放或动用死库容中的部分存水。

确定死水位应考虑的主要因素是：

（1）保证水库有足够的能发挥正常效用的使用年限（俗称水库寿命），特别应考虑部分库容供泥沙淤积。

（2）保证水电站所需要的最低水头和自流灌溉必要的引水高程。

（3）库区航运和渔业的要求。

2. 正常蓄水位（$Z_{蓄}$）和兴利库容（$V_{兴}$）

在正常运用条件下，水库为了满足设计的兴利要求，在开始供水时应蓄到的水位，称为正常蓄水位，又称正常高水位。正常蓄水位与死水位之间的库容，是水库可用于兴利径流调节的库容，称为兴利库容，又称调节库容或有效库容。正常蓄水位与死水位之间的深度，称为消落深度或工作深度。当溢洪道无闸门时，正常蓄水位就是溢洪道堰顶的高程；当溢洪道有闸门时，多数情况下正常蓄水位是闸门关闭时的门顶高程。

正常蓄水位是水库最重要的特征水位之一，它是一个重要的设计数据，因为它直接关系到一些主要水工建筑物的尺寸、投资、淹没、综合利用效益及其他工作指标，大坝的结构设计、强度和稳定性计算，也主要以它为依据。因此，大中型水库正常蓄水位的选择是一个重要问题，往往牵涉到技术、经济、政治、社会、环境等方面的影响，需要全面考虑，综合分析确定。

3. 防洪特征水位及相应库容

兴建水库后，为了汛期安全泄洪，要求有一部分库容作为削减洪峰之用，称为调洪库容。这部分库容在汛期应该经常留空，以备洪水到来时能及时拦蓄洪量和削减洪峰，洪水过后再放空，以便迎接下一次洪水。

（1）防洪限制水位（$Z_{限}$）和结合库容（$V_{结}$）。水库在汛期为兴利蓄水允许达到的上限水位称为防洪限制水位，又称为汛期限制水位，或简称为汛限水位，它是在设计条件下，水库防洪的起调水位。该水位以上的库容可作为滞蓄洪水的容积。当出现洪水时，才允许水库水位超过该水位。一旦洪水消退，应尽快使水库水位回落到防洪限制水位。兴建水库后，为了汛期安全泄洪和减少泄洪设备，常要求有一部分库容作为拦蓄洪水和削减洪峰之用。防洪限制水位或是低于正常蓄水位，或是与正常蓄水位齐平。若防洪限制水位低于正常蓄水位，则将这两个水位之间的水库容积称为结合库容，也称为共用库容或重叠库容。汛期它是防洪库容的一部分，汛后它又可用来兴利蓄水，成为兴利库容的组成部分。

若汛期洪水有明显的季节性变化规律，经论证，对主汛期和非主汛期可分别采用不同的防洪限制水位。

（2）防洪高水位（$Z_{防}$）和防洪库容（$V_{防}$）。水库遇到下游防护对象的设计标准洪水时，经水库调节后坝前达到的最高水位称为防洪高水位。该水位至防洪限制水位间的水库容积称为防洪库容。

（3）设计洪水位（$Z_{设}$）和拦洪库容（$V_{拦}$）。当遇到大坝设计标准洪水时，水库坝前达到的最高水位，称为设计洪水位。它至防洪限制水位间的水库容积称为拦洪库容或设计调洪库容。

设计洪水位是水库的重要参数之一，它决定了设计洪水情况下的上游洪水淹没范围，同时又与泄洪建筑物尺寸、类型有关；而泄洪设备类型（包括溢流堰、泄洪孔、泄洪隧洞）则应根据地形、地质条件和坝型、枢纽布置等特点拟定。

（4）校核洪水位（$Z_{校}$）和调洪库容（$V_{调}$）。当遇到大坝校核标准洪水时，水库坝前达到的最高水位，称为校核洪水位。它至防洪限制水位间的水库容积称为调洪库容或校核调洪库容。

4. 总库容和坝顶高程

校核洪水位以下的全部水库容积就是水库的总库容。设计洪水位或校核洪水位加上一定数量的风浪超高值和安全超高值，就得到坝顶高程，即

$$Z_{坝}=Z_{校}+a+\delta \tag{3-7}$$

式中：$Z_{坝}$为坝顶高程，m；a为波浪爬高，m，一般用经验公式计算；δ为安全超高，m，一般取0.2~0.7m。

(三) 水库的水量损失

水库建成蓄水后，因改变河流天然状况及库内外水力条件而引起额外的水量损失，主要包括蒸发损失和渗漏损失，在寒冷地区还可能有结冰损失。

1. 蒸发损失

水库蓄水后，库区形成广阔水面，原有的陆面蒸发变为水面蒸发。由于流入水库的径流资料是根据建库前坝址附近观测资料整编得到的，其中已计入陆面蒸发部分。因此，计算时段 Δt（年、月）水库的蒸发损失是指由陆面面积变为水面面积所增加的额外蒸发量 $\Delta W_{蒸}$（以 m^3 计），即

$$\Delta W_{蒸} = 1000(E_{水} - E_{陆})(F_{库} - f) \quad (3-8)$$

式中：$E_{水}$ 为计算时段 Δt 内库区水面蒸发强度，以水层深度计，mm；$E_{陆}$ 为计算时段 Δt 内库区陆面蒸发强度，以水层深度计，mm；$F_{库}$ 为计算时段 Δt 内水库平均水面面积，km^2；f 为建库以前库区原有天然河道水面及湖泊水面面积，km^2。

水库水面蒸发可根据水库附近蒸发站或气象站蒸发资料折算成自然水面蒸发，即

$$E_{水} = \alpha E_{器} \quad (3-9)$$

式中：$E_{器}$ 为水面蒸发皿实测水面蒸发量，mm；α 为水面蒸发皿折算系数，一般为 0.65~0.80。

对于陆面蒸发，目前尚无较成熟的计算方法。在水库设计中常采用多年平均降水量 P_0 和多年平均径流深 R_0 之差，作为陆面蒸发的估算值。

$$E_{陆} = P_0 - R_0 \quad (3-10)$$

2. 渗漏损失

建库之后，由于水库蓄水，水位抬高，水压力的增大改变了库区周围地下水的流动状态，因而产生了水库的渗漏损失。水库的渗漏损失主要包括以下几个方面：

(1) 通过坝身透水（如土坝、堆石坝等）以及闸门、水轮机等的漏水。

(2) 通过坝基及绕坝两翼的渗漏。

(3) 通过库底、库周流向较低的透水层的渗漏。

一般可按渗漏理论的达西公式估算渗漏损失量。计算时所需的数据（如渗漏系数、渗径长度等）必须根据库区及坝址的水文地质、地形、水工建筑物的型式等条件来确定，而这些地质条件及渗流运动均较复杂，往往难以用理论计算的方法获得较好的成果。因此，在实际生产中，常根据水文地质情况定出一些经验性的数据，作为初步估算渗漏损失的依据。

若以一年或一个月的渗漏损失相当于水库蓄水容积的一定百分数来估算，水电站设计保证率取值见表 3-5。

表 3-5 水电站设计保证率

条件	水文地质条件优良（指库床为不渗水层，地下水面与库面接近）	透水性条件中等	水文地质条件较差
取值	0~10%/年 或 0~1%/月	(10%~20%)/年 或 (1%~1.5%)/月	(20%~40%)/年 或 (1.5%~3%)/月

在水库运行的最初几年，渗漏损失往往较大（大于上述经验数据），因为初蓄时，为了湿润土壤及抬高地下水位需要额外损失水量。水库运行多年之后，因为库床泥沙颗粒间的空隙逐渐被水内细泥或黏土淤塞，渗漏系数变小，同时库岸四周地下水位逐渐抬高，渗漏量减少。

3. 结冰损失

结冰损失是指严寒地区冬季水库水面形成冰盖，随着供水期水库水位的消落，一部分库周的冰层将暂时滞留于库周边岸，而引起水库蓄水量的临时损失。这项损失一般不大，可根据结冰期库水位变动范围的面积及冰层厚度估算。

（四）库区淹没、浸没和水库淤积

1. 库区淹没、浸没

在河流上建造水库将带来库区的淹没和库区附近土地的浸没，使库区原有耕地及建筑物被废弃，居民、工厂和交通线路被迫迁移改建，造成一定的损失。在规划设计水库时，要十分重视水库淹没问题。我国地少人多，筑坝建库所引起的淹没问题往往比较突出，对淹没问题的考虑和处理就更需周密慎重。

淹没通常分为经常性淹没和临时性淹没两类。经常性淹没区域，一般指正常蓄水位以下的库区，由于经常被淹，且持续时间长，因此在此范围内的居民、城镇、工矿企业、通信及输电线路、交通设施等大多需搬迁、改线，土地也很少能被利用；临时性淹没区域，一般指正常蓄水位以上至校核洪水位之间的区域，被淹没机会较小，受淹时间也短暂，可根据具体情况确定哪些需要迁移，哪些需要进行防护。区内的土地资源大多可以合理利用，所有迁移对象或防护措施都将按规定标准给予补偿，此补偿费用和水库淹没范围内的各种资源的损失统称为水库淹没损失，计入水库总投资内。水库淹没范围的确定，应根据淹没对象的重要性，按不同频率的入库洪水求得不同的库水位，并由回水计算结果从库区地形图上查得相应的淹没范围。淹没范围内淹没对象的种类和数量，应通过细致的实地调查取得。在多沙河流上，水库淹没范围还应计及水库尾部因泥沙淤积水位壅高及回水曲线向上游延伸等的影响。

浸没是指库水位抬高后引起库区周围地区地下水位上升所带来的危害，如可能使农田发生次生盐碱化，不利于农作物生长；可能形成局部的沼泽地，使环境卫生条件恶化；还可能使土壤失去稳定，引起建筑物地基的不均匀沉陷，以致发生裂缝或倒塌。水库周围的浸没范围一般可采用正常蓄水位或一年内持续两个月以上的运行水位为测算依据。

淹没和浸没损失不仅是经济问题，而且是具有一定社会影响和政治影响的问题，是规划工作中的一个重要课题。

2. 水库淤积

在天然河流上筑坝建库后，随着库区水位的抬高，水面加宽，水深增大，过水断面扩大，水力坡降变缓，水流速度减小。原河道水力特性的这种变化，降低了水流的挟沙能力，也改变了原河道的泥沙运动规律，导致大量泥沙在库区逐渐沉淀淤积。泥沙淤积对水库运用和上下游河流产生的不良影响是多方面的。淤积使水库调节库容减小，降低水库调节水量的能力和综合利用的效益。坝前淤积使水电站进水口水流含沙浓度增大，泥沙粒径变粗，引起对过水建筑物和水轮机的磨损，影响建筑物与设备的安全和寿命。库尾淤积体

第三章 水库调度基本知识

向库区推进的同时，也向上游延伸，即所谓的"翘尾巴"，因而抬高库尾水位，会扩大库区的淹没损失和浸没损失。水库下游则由于泄放清水，水流的挟沙能力增大，引起对下游河床的冲刷，使水位降低，甚至河槽变形。

影响水库淤积的因素很多，主要有水库入库水流的含沙量及其年内分配、库区地形、地质特性以及水库的运用方式等。

水库淤积年限或淤积库容的计算，严格地说应根据水库泥沙运动规律及淤积过程进行，但目前由于水库泥沙资料不全，计算方法欠完善，故难以得出精确的计算结果，一般情况下多采用简算法来初步确定。

在多沙河流上规划设计水库时，除对淤积库容需作慎重考虑外，还必须针对设计水库的具体情况，提出减轻水库淤积的措施。首先是做好流域的水土保持工作，但是不能把远景治理效果作为近期规划的依据；其次在坝底或坝身的不同高程上设置泄水孔，以便把较细的沙粒，在未来得及沉淀于库底前，就随水流排往下游。此外，结合水库运行调度，可采取蓄清排浑的运行方式，即在汛期主要来沙季节，选择一段时间作为排沙期，排沙期后蓄水兴利，或抓住洪峰前后出现高含沙量的特点，采取洪峰前后排沙，洪峰过后蓄水的方式，以避开拦截沙峰入库，减少淤积数量。这些都是多沙河流水库调度的专门问题。

第三节 水库综合利用要求

一、防洪要求

水库是防御洪水、减免洪水灾害的主要工程措施之一，水电站水库都以确保其自身工程防洪安全为首要任务，在很多情况下兼有对上下游防洪保护对象的防洪任务。

为确保大坝工程与防洪保护对象的安全，要求水库在汛期留出一定的调洪和防洪库容（汛期不能用于兴利目的蓄水），以调蓄汛期可能出现的各频率洪水。针对不同防洪保护对象的重要性，分别采用不同的洪水标准作为水库防洪调度的依据。洪水标准以洪水的重现期或洪峰流量和洪量的出现频率表示。为确保水库大坝工程安全的防洪调度，在正常情况下以设计洪水标准为依据，非常情况下以校核洪水标准为依据；为保护防洪保护对象则以保护对象的防洪标准为依据，因而形成各种等级标准的设计洪水。通常，大坝校核洪水标准最高，设计洪水标准次之，防洪保护对象的防洪标准较低。

二、发电要求

水电站作为电网的重要组成部分，承担着电能供给任务，因此必须满足电力系统的可靠性与经济性要求。

电力系统为了保证电网安全运行与电力用户可靠供电，要求水电站在一定时期内以一定出力和电量工作的保证率，不得低于某一规定保证率。这一规定的保证率为发电设计保证率，是在规划设计阶段根据设计规范确定的或运行时重新核定的水电站设计标准，也是检验和评价水电站运行的重要指标之一。

水电站保证率以其正常工作不遭受破坏的相对历时或相对年数表示，前者称历时保证

第三节 水库综合利用要求

率,后者称年保证率。由于在破坏年份内还有一部分时间可以正常工作未遭受破坏,所以历时保证率大于年保证率。一般大中型水电站的设计保证率不低于90%。

通常将相应于设计保证率的水电站至少应承担的电力负荷图称为水电站的保证出力图。无调节和日调节水电站以日出力图表示;年调节和多年调节水电站以其年内各时段(月或旬)平均出力和最大(峰荷)出力表示,分别称之为年平均出力保证图和年最大(峰荷)出力保证图。其中,一定临界的平均出力习惯上称为保证出力,这一临界期相应的电量称为保证电量,最大峰荷出力称为水电站最大工作容量。水电站按保证出力图工作的方式称为水电站的保证运行方式。

电力系统对水电站提出经济性要求,是针对水电站发电成本较低的特点,要求水电站充分利用水能多发电,最大限度地节省电力系统中其他电站的燃料消耗和运行费用,从而使电力系统运行更经济,用户用电更便宜。

三、其他综合利用要求

当水电站水库兼有其他综合利用任务时,还必须满足相关部门的要求。

农业部门一般要求在灌溉期提供作物生长的正常需水。农作物对缺水的适应性比其他用水部门大,其灌溉设计保证率一般较低,缺水地区以旱作物为主时取50%~70%,以水稻为主时取70%~80%;丰水地区以旱作物为主时取70%~80%,以水稻为主时取75%~95%。

考虑发电、泄洪或其他泄放流量的剧烈变化所引起的下游不稳定水流和水位波动对航运、漂木等的影响,航运部门要求水库保证在一定通航和漂木标准(保证率)下的最低水位及相应最小流量,一般航道的航运设计保证率为85%~90%,重要航道达95%以上。日运行方式有水位1h最大变幅和日最大变幅限制。

工业与城镇生活用水以及渔业、生态环境、排冲沙、旅游等对水库都具有不同的要求。工业用水的设计保证率一般在95%以上;城镇生活用水量虽然相对较小,但其保证程度极高,设计保证率几乎达100%;渔业和生态环境一般要求保证过鱼设施的操作用水、下游鱼类产卵放水和对污染水流的稀释放水;为防止库区疟蚊滋生,在其生长季应使水库水位经常升降变动并尽量避免或减小库边浅水区面积;为防止水库和下游河道淤积还必须满足冲沙、排沙放水要求;为发展水库旅游和文体活动,在夏季及其前后一段时间水库应保持波动较小的较高运行水位。

对于综合利用水库,应根据各部门的需水图绘制综合需水图,作为其运行调度的依据。综合需水图的编制应注意一水多用的合并处理,如水电站发电用水可能作为下游灌溉、工业与城镇生活及下游通航用水,但从上游引走的灌溉等用水则不能用于发电及下游其他目的。图3-5为发电为主,兼有工业与城镇生活供水、灌溉及航运任务水库的各用水部门需水图和综合需水图。

当各部门的用水保证率不同时,可分别绘制不同保证率的综合需水图。图3-6为相应于灌溉设计保证率(灌溉正常需水)和发电设计保证率(灌溉降低需水)的两级综合需水图。

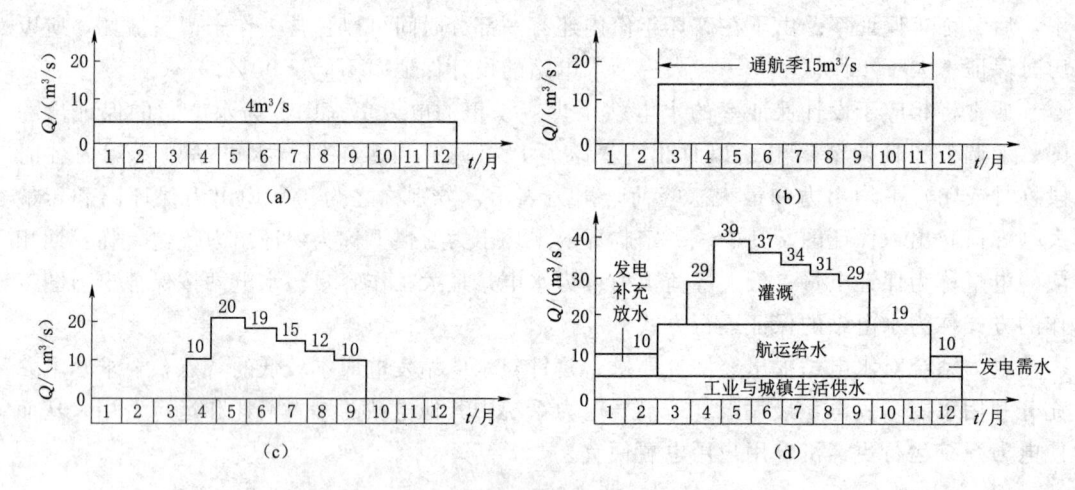

图 3-5 各用水部门需水图及综合需水图
(a) 工业与城镇生活供水；(b) 航运放水；(c) 灌溉用水；(d) 年综合需水图

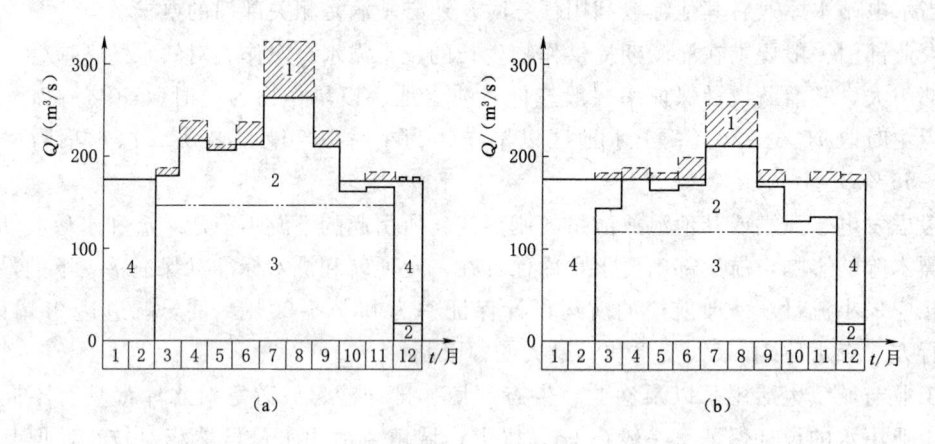

图 3-6 不同保证率的综合需水图
(a) 正常的；(b) 降低后的
1—上游灌溉；2—下游灌溉；3—航运；4—水电站补充用水

第四节 水 库 调 度 方 法

一、常规方法

水库调度的常规方法一般指时历法与统计法。由于水利工程的不断发展，电力系统也不断发展，常构成一个多目标、多单元的大水利系统，使一群水电站水库处于联合工作状态，共同担负供水、供电任务，因此要研究如何全面考虑确定各电站水库的运行方式，使整个水利系统工作最优，具体处理方式有如下几种：

1. 判别式法

该方法是水库群联合运行方式中，应用最广泛、研究最多的一种途径，特别是对并联或串联水电站的蓄放水次序问题。判别式多种多样，考虑的因素和公式结构复杂程度各有不同，但其理论基础，一种是从方案比较得出；另一种是以严密的多元函数求极值或变分法导出的。判别式的优点是简单易行，能考虑较复杂情况。其缺点是：①对限制条件考虑不够，如未考虑最大、最小出力的限制，因此有时出力分配过程不匀，蓄放水过于集中，对于天然来水集中在后期的水库，有可能造成电站全出力运行还会发生弃水的不合理现象；②判别式往往把供水期与蓄水期硬性分开，因此，对供蓄水期运行方式的相互影响考虑不够，所得的运行方式不是整个调节期的最优运行方式；③判别式要求较精确的长期预报。

2. 等微增率法

它与判别式法在一定程度上相近似，都属于古典求极值的方法，如用多元函数求极值的方法推导各电站的微增耗水率，然后用图解形式求解。其缺点是对有不等式的约束条件应用不便。

3. 多元函数求极值法

此方法把水库供水期的总电能看作是各月库水位的一个多元函数，这样，供水期的最优调度问题就成为一个多元函数求极值的问题，当水库运行受到水位、设备容量等要求的限制时，就成为多元函数求条件极值问题，但由于水库调度的复杂性，直接求解较困难。

4. 变分法

电力系统的最优调度问题是一个典型的变分问题。对水电站最优运行来说，是用变分求极值解出最优调度线，如果径流为随机时，就成为最优调度的问题。此法也往往难以直接得出，因此也多用判别式表示，与此法近似的是逐步逼近法。

二、系统分析法

系统分析（System Analysis）是从整个系统来探索增加整个系统的效益，而不是着眼于系统中某一部分效益的增加，所以必须明确地了解系统结构，如系统的内在矛盾与因果关系，系统外的边界情况以及因为边界情况的改变对整个系统效益的影响。应用系统观点的系统分析方法探求改善整个系统运筹的最优方案。

系统分析方法一般可以分数学规划及概率模型两大类。数学规划在系统分析中占显要地位，其中包括线性规划、整数规划、非线性规划、网状系统分析、动态规划及博弈论等；概率模型考虑事态发生的不可靠性，其中包括排队论、存储论、马尔可夫决策过程、系统可靠性分析、决策分析及模拟等。另外又增加了模糊集与大系统分解协调技术。

思　考　题

1. 简述水利水电系统规划与调度的意义。
2. 水库调度的任务和原则是什么？
3. 水库调度主要包括哪些内容？
4. 水库在防洪和兴利中发挥什么作用？
5. 水库调度与管理的基本任务有哪些？

6. 流域的主要特性资料有哪些？
7. 水库的特性曲线是什么？
8. 简述水库的特征水位及相应库容。
9. 水库调度有哪些特点？明确这些特点有何意义？
10. 水库调度有哪些利用要求？各有什么不同？
11. 水库调度的方法有哪些？未来发展如何？

第四章 水库兴利调节与水能计算

第一节 兴利调节计算基本原理

根据国民经济各有关部门的用水要求,利用水库重新分配天然径流所进行的计算,称兴利调节计算。对单一水库,计算任务是求出各种水利水能要素(供水量、电站出力、库水位、蓄水量、弃水量、损失水量等)的时间过程以及调节流量、兴利库容和设计保证率三者间的关系,作为确定工程规模、工程效益和运行方式的依据。对于具有水文、水力、水利及电力联系的水库群,径流调节计算还包括研究河流上下游及跨流域之间的水量平衡,提出水文补偿、库容补偿、电力补偿的合理调度方式。

按照对原始径流资料描述和处理方式的差异,兴利调节计算方法主要分为时历法和概率法(也称数理统计法)两大类。时历法是以实测径流资料为基础,按历时顺序逐时段进行水库水量蓄泄平衡的径流调节计算方法,其计算结果(调节流量、水库蓄水量等)也是按历时顺序给出;概率法是应用径流的统计特性,按概率论原理,对入库径流的不均匀性进行调节的计算方法,成果以调节流量、蓄水量、弃水量、不足水量等的概率分布或保证率曲线的形式给出。

由于在开发、利用水资源的规划设计中出现了许多复杂的课题,从 20 世纪 60 年代开始, H. A. Jr. 托马斯等人相继提出径流调节随机模拟法,它是应用随机过程和时间序列分析理论与时历法相结合的径流调节计算方法,即先根据历史径流资料和径流过程的物理特性,建立径流系列的随机模型,并据以模拟出足够长的径流系列,而后再按径流调节时历法进行计算。随机模拟法不能改善历史径流系列的统计特性,但可给出与历史径流系列在统计特性上基本保持一致的足够长的系列,以反映径流系列的各种可能组合情况。可见,随机模拟法兼有时历法与概率法的特点,而对于径流系列随机模型的选择、识别、参数估计、检验、适用性分析以及调节后径流系列的统计检验等,需进行大量的计算工作,其中某些环节尚有待进一步探讨。

径流调节计算的基本依据是水量平衡原理。计算时段的水库水量平衡方程为

$$W_{末}=W_{初}+W_{入}-W_{出} \tag{4-1}$$

式中:$W_{末}$ 为计算时段末水库蓄水量,m^3;$W_{初}$ 为计算时段初水库蓄水量,m^3;$W_{入}$ 为计算时段入库水量,m^3;$W_{出}$ 为计算时段出库水量,包括向各用水部门提供的水量、弃水量及水库水量损失等,m^3。

采用的计算时段长短取决于调节周期及径流、用水随时间的变化程度,日调节水库一般以小时为单位;对于年或多年调节水库,一般在枯水期以月、丰水期以旬为单位。

由式 (4-1) 知

$$W_{入}-W_{出}=W_{末}-W_{初}=\pm \Delta W(或 \Delta V) \tag{4-2}$$

式（4-2）表示水库在计算时段内蓄水量的增、减值 ΔW 实际上即水库在该时段必须具备的库容值 ΔV。具体计算时，来水量 $W_入$ 和时段初水库蓄水量 $W_初$ 是已知的，故水库兴利调节计算主要可概括为下列三类课题：

(1) 根据用水要求，确定兴利库容。
(2) 根据兴利库容，确定设计保证率条件下的供水水平（调节流量）。
(3) 根据兴利库容和水库操作方案，推求水库运用过程。

三类课题的实质是找出天然来水、各部门在设计保证率条件下的用水和兴利库容三者的关系。

第二节　兴利调节时历列表法

一、根据用水过程确定水库兴利库容

根据用水要求确定兴利库容是水库规划设计时的重要内容。由于用水要求已知，根据天然径流资料（入库水量）不难定出水库补充放水的起止时间。逐时段进行水量平衡算出不足水量（个别时段可能有余水），再分析累加各时段的不足水量（注意扣除局部回蓄水量），便可得出该入库径流条件下为满足既定用水要求所需的兴利库容。显然，为满足同一用水过程对不同的天然径流资料求出的兴利库容值是不相同的。

按照对径流资料的不同取舍，水库兴利调节时历列表法可分为长系列法和代表期（年、系列等）法，其中，长系列法是针对实测径流资料（年调节不少于 20～30 年，多年调节至少 30～50 年）算出所需兴利库容值，然后按由小到大顺序排列并计算、绘制兴利库容频率曲线，根据设计保证率即可在该库容频率曲线上定出欲求的水库兴利库容；代表期法是以设计代表期的径流代替长系列径流进行调节计算的简化方法，其精度取决于所造设计代表期的代表性好坏，而具体调节计算方法则与长系列法相同。

下面以年调节水库为例，说明根据用水过程确定兴利库容的时历列表法中的代表年法，计算时段采用一个月。

某坝址处的多年平均年径流量为 $2765.9 \times 10^6 \mathrm{m}^3$，多年平均流量为 $87.64 \mathrm{m}^3/\mathrm{s}$。设计枯水年的天然来水过程及各部门综合用水过程分别列入表 4-1 (2)、(3) 栏和 (4)、(5) 栏。径流资料均按调节年度给出，本例年调节水库的调节年度由当年 3 月初到次年的 2 月末。其中 3—6 月为丰水期，7 月初到次年 2 月末为枯水期。

计算一般从供水期开始，数据列入表 4-1。7 月天然来水量为 $84.16 \times 10^6 \mathrm{m}^3$，兴利部门综合用水量为 $99.94 \times 10^6 \mathrm{m}^3$，用水量大于来水量，要求水库供水，7 月不足水量为 $15.78 \times 10^6 \mathrm{m}^3$，将该值填入表 4-1 中第 (7) 栏，即(7)=(5)-(3)。依次算出供水期各月不足水量。将 7 月到次年 2 月的 8 个月的不足水量累加起来，即求出设计枯水年供水期总不足水量为 $460.25 \times 10^6 \mathrm{m}^3$，填入第 (7) 栏合计项内。显然，水库必须在丰水期存蓄 $460.25 \times 10^6 \mathrm{m}^3$ 水量，才能补足供水期天然来水之不足，故水库兴利库容应为 $460.25 \times 10^6 \mathrm{m}^3$。由于计算是针对设计枯水年进行的，故求得的兴利库容使各部门用水得到满足的保证程度是与设计保证率一致的。

第二节 兴利调节时历列表法

在丰水期，3月天然径流量为 $370.83\times10^6\text{m}^3$，兴利部门综合用水量等于 $197.25\times10^6\text{m}^3$，多余水量 $173.58\times10^6\text{m}^3$ 全部存入水库［见第（6）栏］。4月来水量为 $394.50\times10^6\text{m}^3$，用水量为 $197.25\times10^6\text{m}^3$，多余水量 $197.25\times10^6\text{m}^3$。5月来水量为 $526\times10^6\text{m}^3$，用水量为 $197.25\times10^6\text{m}^3$，多余水量为 $328.75\times10^6\text{m}^3$，由于4月末在兴利库容中已蓄水量为 $370.83\times10^6\text{m}^3$，只剩下 $89.42\times10^6\text{m}^3$ 库容待蓄，故5月来水除将兴利库容 $V_兴$ 蓄满外，尚有弃水 $239.33\times10^6\text{m}^3$，填入第（8）栏。6月来水量为 $184.1\times10^6\text{m}^3$，这时 $V_兴$ 已蓄满，天然来水量虽大于兴利部门需水，但仍小于最大用水流量，为减少弃水，水库按天然来水供水（见表4-1*注）。

表 4-1　　　　　　水库年调节时历列表计算（未计水库水量损失）

时段（月）		天然来水 /(m³/s)		各部门综合用水 /(m³/s)		多余或不足水量 /(10⁶m³)		弃水 /(10⁶m³)		时段末兴利库容蓄水量 /(10⁶m³)	出库总流量 /(m³/s)	备注
		流量	水量	流量	水量	多余	不足	水量	流量			
(1)		(2)	(3)	(4)	(5)	(6)	(7)	(8)	(9)	(10)	(11)	(12)
丰水期	3	141	370.83	75	197.25	173.58		0	0	173.58	75	水库蓄水
	4	150	394.50	75	197.25	197.25		0	0	370.83	75	
	5	200	526.00	75	197.25	328.75		239.33	91	460.25	166	库满有弃水
	6	70	184.10	70*	184.10					460.25	70	保持库满
枯水期	7	32	84.16	38	99.94		15.78			444.47	38	水库供水期，库水位逐月下降
	8	7	18.41	38	99.94		81.53			362.94	38	
	9	9	23.67	38	99.94		76.27			286.67	38	
	10	8	21.04	38	99.94		78.90			207.77	38	
	11	30	78.90	38	99.94		21.04			186.73	38	
	12	15	39.45	38	99.94		60.49			126.24	38	
	1	8	21.04	38	99.94		78.90			47.34	38	2月末兴利库容放空
	2	20	52.60	38	99.94		47.34			0	38	
合计		690	1814.70	599	1575.37	699.58	460.25	239.33	91			
平均		57.5		49.9								

注　1. $\Sigma(3)-\Sigma(5)=\Sigma(8)$，可用以校核计算。

2. $\Sigma(6)-\Sigma(7)=\Sigma(8)$，可用以校核计算。

* 6月计划要求用水流量为 $65\text{m}^3/\text{s}$，由于库满，可按天然来水运行，提高水量利用率。

分别累计（6）、（7）两栏，并扣除弃水（逐月计算时以水库蓄水为正，供水为负），即得兴利库容内蓄水量变化情况，填入（10）栏。此算例表明，水库2月末放空至死水位，3月初开始蓄水，5月库水位升达正常蓄水位并有弃水，6月维持满蓄，7月初水库开始供水直至次年2月末为止，这时兴利库容正好放空，准备迎蓄来年丰水期多余水量。水库兴利库容由空到满，又再放空，正好是一个调节年度。

表4-1中第（11）栏［（4）、（9）两栏之和］给出了各时段出库总流量，它就是各时

段下游可利用的流量值,同时,由它确定下游水位。

水库死库容为 $337 \times 10^6 \mathrm{m}^3$,兴利库容 $460.25 \times 10^6 \mathrm{m}^3$。已知坝址处多年平均年径流量 $\overline{W_年}$ 为 $2765.9 \times 10^6 \mathrm{m}^3$,则库容系数为 $\beta = V_兴 / \overline{W_年} = 460.25 \times 10^6 / 2765.9 \times 10^6 \approx 16.6\%$。

上面以年调节水库为例说明了确定兴利库容的径流调节时历列表法,其水量平衡原理和逐时段推算的步骤和方法,对于调节周期更长的多年调节和周期短的日(周)调节都基本适用。

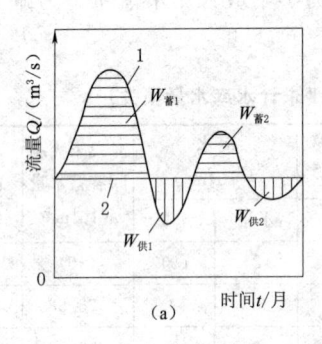

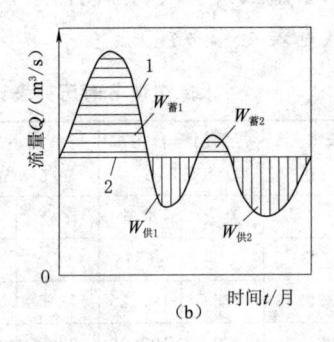

图 4-1 水库两次运用示意图
1—天然来水过程;2—用水过程

如同前述,水库多年调节的调节周期长达若干年,且不是常数,即使有较长时间的水文资料,其周期循环数据仍然不多,难于保证计算精度。一般认为,只是在具有 30~50 年以上水文资料时才有可能应用长系列法,否则便采用代表期(设计枯水系列)法进行径流调节时历列表计算。

对于周期短的日(周)调节,其计算时段常按小时(日)计,当采用代表期法时,则针对设计枯水日(周)进行径流调节时历列表计算。

二、根据兴利库容确定调节流量

具有一定调节库容的水库,能将天然枯水径流提高到什么程度,也是水库规划设计中经常碰到的问题。例如在多方案比较时常需推求各方案在供水期能获得的可用水量(调节流量 $Q_调$),进而分析每个方案的效益,为方案比较提供依据;对于选定方案则需进一步进行较为精确的计算,以便求出最终效益指标。

这时,由于调节流量为未知值,不能直接认定蓄水期和供水期。只能先假定若干调节流量方案,对每个方案采用上述方法求出各自需要的兴利库容,并一一对应地点绘成 $Q_调 - V_兴$ 曲线(图 4-2)。根据给定的兴利库

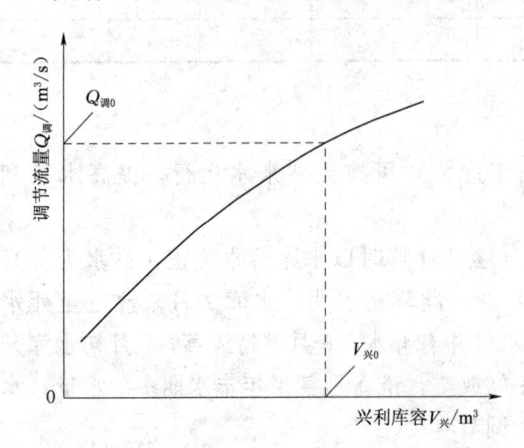

图 4-2 调节流量与兴利库容关系曲线

容 $V_兴$，即可由 $Q_调$-$V_兴$ 曲线查定所求的调节流量 $Q_调$。

对于年调节水库，也可直接用下式计算

$$Q_调 = (W_{设供} - W_{供损} + V_兴)/T_供 (m^3/s) \tag{4-3}$$

式中：$W_{设供}$ 为设计枯水年供水期来水总量，m^3；$W_{供损}$ 为设计枯水年供水期水量损失，m^3；$T_供$ 为设计枯水年供水期历时，s。

应用式（4-3）时要注意以下两个问题：

（1）水库调节性能问题。首先应判明水库是否确属年调节，因只有年调节水库的 $V_兴$ 才是当年蓄满且存水全部用于该调节年度的供水期内。

一般库容系数 $\beta=8\%\sim30\%$ 时为年调节水库，$\beta>30\%$ 即可进行多年调节，这些经验数据可作为初步判定水库调节性能的参考。通常还以对设计枯水年按等流量进行完全年调节所需兴利库容 $V_完$ 为界限，当实际兴利库容大于 $V_完$ 时，水库可进行多年调节，否则为年调节。显然，令各月用水量均等于设计枯水年平均月水量，对设计枯水年进行时历列表计算，即能求出 $V_完$ 值。按其含义，$V_完$ 也可直接用下式计算

$$V_完 = \overline{Q}_{设年} T_枯 - W_{设枯} (m^3) \tag{4-4}$$

式中：$\overline{Q}_{设年}$ 为设计枯水年平均天然流量，m^3/s；$W_{设枯}$ 为设计枯水年枯水期来水总量，m^3；$T_枯$ 为设计枯水年枯水期历时，s。

（2）划定蓄、供水期的问题。应用式（4-3）计算供水期调节流量时，需正确划分蓄、供水期。前面已经提到，径流调节供水期指天然来水小于用水，需由水库放水补充的时期。水库在调节年度内一次充蓄、一次供水的情况下，供水期开始时刻应是天然流量开始小于调节流量之时，而终止时刻则应是天然流量开始大于调节流量之时。可见，供水期长短是相对的，调节流量越大，要求供水的时间越长，但在此处，调节流量是未知值，故不能很快地定出供水期，通常需试算。先假定供水期，待求出调节流量后进行核对，如不正确则重新假定后再算。

现通过一个算例介绍式（4-4）的应用。

【例 4-1】 某拟建水库坝址处多年平均流量为 $\overline{Q}=162.11 m^3/s$，多年平均年水量 $\overline{W}_年=5116\times10^6 m^3$。按设计保证率 $P_设=90\%$ 选定的设计枯水年流量如图 4-3 所示。初定兴利库容 $V_兴=576\times10^6 m^3=219[(m^3/s)\cdot 月]$，试计算调节流量和调节系数。

解：1. 判定水库调节性能

水库库容系数 $\beta=576\times10^6/(5116\times10^6)\approx0.11$，初步认定为年调节水库。

进一步分析设计枯水年进行完全年调节的情况，以确定完全年调节所需兴利库容，其步骤为：

（1）计算设计枯水年平均流量和年水量。

$$\overline{Q}_{设年}=136.83 m^3/s, \overline{W}_{设年}\ 4318.4\times10^6 m^3$$

（2）定出设计枯水年枯水期。进行完全年调节时，调节流量为 $\overline{Q}_{设年}$，由图 4-3 可见，其丰、枯水期十分明显，即当年 8 月到次年 2 月为枯水期。

$$T_枯=7\times2.63\times10^6=18.41\times10^6 (s)$$

（3）求设计枯水年枯水期总水量。

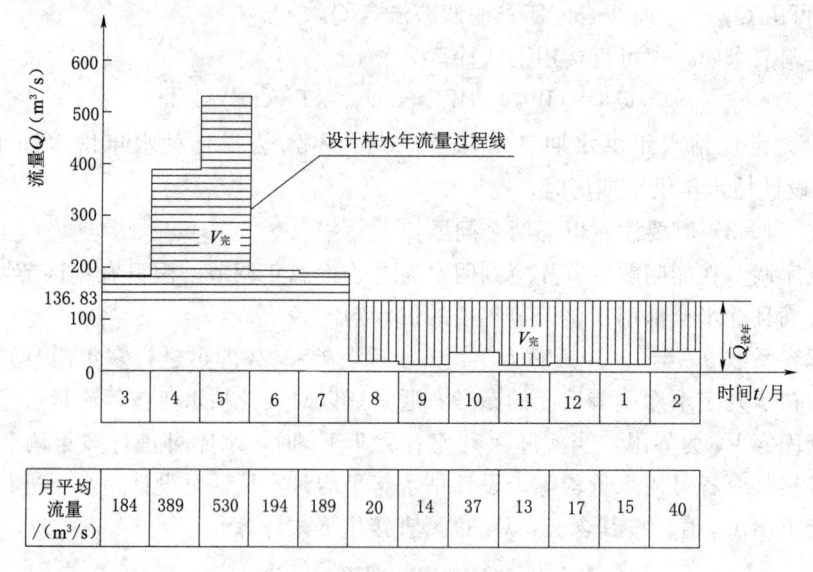

图 4-3 某水库设计枯水年完全年调节

$$W_{设枯}=156\times2.63\times10^6=410\times10^6(\text{m}^3)$$

（4）确定设计枯水年进行完全年调节兴利库容 $V_{完}$。根据式（4-4）得

$$V_{完}=(136.83\times18.41-410)\times10^6=2110\times10^6(\text{m}^3)$$

已知兴利库容小于 $V_{完}$，判定拟建水库是年调节水库。

2. 按已知兴利库容确定调节流量（不计水量损失）

该调节流量一定比 $\overline{Q}_{设年}$ 小，先假定 9 月到次年 2 月为供水期，由式（4-3）得

$$Q_{调}=(576\times10^6+136\times2.63\times10^6)/(6\times2.63\times10^6)\approx59.17(\text{m}^3/\text{s})$$

计算得的 $Q_{调}$ 大于 8 月天然流量，故 8 月也应包含在供水期之内，即实际供水期应为 7 个月。按此供水期再进行计算，得

$$Q_{调}=(576\times10^6+156\times2.63\times10^6)/(7\times2.63\times10^6)\approx53.57(\text{m}^3/\text{s})$$

计算得的 $Q_{调}$ 小于 7 月份天然流量，说明供水期按 7 个月计算是正确的。该水库所能获得的调节流量为 $53.57\text{m}^3/\text{s}$。

三、根据既定兴利库容和水库操作方案推求水库运用过程

推求水库运用过程的主要内容为确定库水位、下泄量和弃水等的时历过程，并进而计算、核定工程的工作保证率。在既定库容条件下，水库运用过程与其操作方式有关，水库操作方式可分为定流量和定出力两种类型。

（一）定流量操作

这种水库操作方式的特点是设想各时段调节流量为已知值。当各时段调节流量相等时，称等流量操作。

水库对于灌溉、给水和航运等部门的供水，多根据需水过程按定流量操作。在初步计算时也可简化为等流量操作。这时，可分时段直接进行水量平衡，推求出水库运用过程。

显然，对于既定兴利库容和操作方案来讲，入库径流不同，水库运用过程亦不同。以年调节水库为例，若供水期由正常蓄水位开始推算，当遇特枯年份，库水位很快消落到死水位，后一段时间只能靠天然径流供水，用水部门的正常工作将遭破坏，而且，在该种年份的丰水期，兴利库容也可能蓄不满，则供水期缺水情况就更加严重。相反，在丰水年份，供水期库水位不必降到死水位便能保证兴利部门的正常用水，而在丰水期则水库可能提前蓄满并有弃水。显而易见，针对长水文系列进行径流调节计算，即可统计得出工程正常工作的保证程度，而对于设计代表期（日、年、系列）进行定流量操作计算，便得出具有相应特定含义的水库运用过程。

【例 4-2】 某拟建水库坝址处多年平均流量为 $\overline{Q}=162.11\mathrm{m}^3/\mathrm{s}$，多年平均年水量 $\overline{W}_年=5116\times10^6\mathrm{m}^3$。按设计保证率 $P_设=90\%$ 选定的设计枯水年流量见 [例 4-1]，设计平水年、设计丰水年径流量如表 4-2 所列（库容特性曲线和下游水位流量关系曲线略）。初定兴利库容 $V_兴=576\times10^6\mathrm{m}^3$（219[$(\mathrm{m}^3/\mathrm{s})\cdot月$]），试分别计算枯、平、丰三年的调节流量（包括蓄水期和供水期）。

表 4-2　　　　　　　　某拟建水库坝址处设计年径流量

月份	3	4	5	6	7	8	9	10	11	12	1	2
平水年/(m³/s)	184	377	685	294	118	47	80	24	19	11	24	33
丰水年/(m³/s)	111	497	753	382	197	122	94	64	35	19	11	13

解

1. 设计枯水年

供水期调节流量计算见 [例 4-1]。

假定 3 月到 7 月为蓄水期，则蓄水期调节流量 $Q'_调$ 为

$$Q'_调=(184+389+530+194+189-219)/5=253.4(\mathrm{m}^3/\mathrm{s})$$

该调节流量大于 3 月、6 月的天然流量，假定错误。重新假定 4 月、5 月为蓄水期，则

$$Q'_调=(389+530-219)/2=350(\mathrm{m}^3/\mathrm{s})$$

计算结果表明假定正确。则设计枯水年 8 月至次年 2 月为供水期，调节流量 53.57m³/s；4 月、5 月为蓄水期，调节流量为 350m³/s；3 月、6 月、7 月为不蓄不供期，按天然来水供水。

2. 设计平水年

假定当年 8 月至次年 2 月为供水期，则其调节流量 $Q_调$ 为

$$Q_调=(47+80+24+19+11+24+33+219)/7=65.29(\mathrm{m}^3/\mathrm{s})$$

$Q_调$ 小于 9 月天然来水量但大于 8 月天然来水量，且 80−65.29<65.29−47，即 9 月蓄水后库水位不会超过水库正常蓄水位，假定正确。

假定 4 月、5 月、6 月为蓄水期，则

$$Q'_调=(377+685+294-219)/3=379\mathrm{m}^3/\mathrm{s}$$

$Q'_调$ 大于 4 月、6 月天然来水量，假定错误。

重新假定 5 月为蓄水期，则

$$Q'_{调}=685-219=466\text{m}^3/\text{s}$$

计算结果表明假定正确。

则设计平水年 8 月至次年 2 月为供水期，调节流量 65.29m³/s；5 月为蓄水期，调节流量为 466m³/s；3 月、4 月、6 月、7 月按天然来水供水。

3. 设计丰水年

假定 9 月至次年 2 月为供水期，则

$$Q_{调}=(94+64+35+19+11+13+219)/6=75.83(\text{m}^3/\text{s})$$

$Q_{调}$ 小于 9 月天然来水量，假定错误。

重新假定 10 月至次年 2 月为供水期，则

$$Q_{调}=(64+35+19+11+13+219)/5=72.2(\text{m}^3/\text{s})$$

$Q_{调}$ 大于 10 月、2 月天然来水量，假定正确。

假定 4—6 月为蓄水期，则

$$Q'_{调}=(497+753+382-219)/3=471(\text{m}^3/\text{s})$$

$Q'_{调}$ 大于 6 月天然来水量，假定错误。

重新假定 4—5 月为蓄水期，则

$$Q'_{调}=(497+753-219)/2=515.5(\text{m}^3/\text{s})$$

$Q'_{调}$ 大于 4 月天然来水量，假定错误。

重新假定 5 月为蓄水期，则

$$Q'_{调}=753-219=534(\text{m}^3/\text{s})$$

计算结果表明假定正确。

则设计丰水年 10 月至次年 2 月为供水期，调节流量 72.2m³/s；5 月为蓄水期，调节流量 534m³/s；其余月份按天然来水供水。

（二）定出力操作

为满足用电要求，水电站调节水量要与负荷变化相适应，这时，水库应按定出力操作。

定出力操作有两种方式：第一种方式是供水期以 $V_{兴}$ 满蓄为起算点，蓄水期以 $V_{兴}$ 放空为起算点，分别顺时序算到各自的期末，其计算结果表明水电站按定出力运行，水库在各种来水情况下的蓄、放水过程，类似于定流量操作，针对长水文系列进行定出力顺时序计算，可统计得出水电站正常工作的保证程度。第二种方式是供水期以期末 $V_{兴}$ 放空为起算点，蓄水期以期末 $V_{兴}$ 满蓄为起算点，分别逆时序计算到各自的期初，其计算结果表明水电站按定出力运行且保证 $V_{兴}$ 在供水期末正好放空、蓄水期末正好蓄满，各种来水年份各时段水库必须具有的蓄水量。

由于水电站出力与流量和水头两个因素有关，而流量和水头彼此又有影响，定出力调节常采用逐次逼近的试算法。表 4-3 给出顺时序一个时段的试算数例。如上所述，计算总是从水库某一特定蓄水情况（库满或库空）开始，即第（11）栏起算数据为确定值。表中第（4）栏指电站按第（2）栏定出力运行时应引用的流量，它与水头值有关，先任意假设一个数值（表中为 70m³/s），依此进行时段水量平衡，求得水库蓄水量变化并定出时段平均库水位 $\overline{Z}_上$［第（16）栏］。根据假设的发电流量及时段内通过其他途径泄往下游的

第二节 兴利调节时历列表法

流量,查出同时段下游平均水位 $\overline{Z}_下$,填入(17)栏。同时段上、下游平均水位差即为该时段水电站的平均水头 $\overline{H}$,填入(18)栏。第(4)栏的假设流量值和(18)栏的水头值代入公式 $N'=AQ_电\overline{H}$(本算例出力系数 A 取值 8.3),求得出力值并填入(19)栏。比较(2)栏的 N 值和(19)栏的 N' 值,若两者相等,表示假设的 $Q_电$ 无误,否则另行假定重算,直至 N' 和 N 相符为止。本算例第一次试算 $N'=47.58\times10^3\mathrm{kW}$,与要求出力 $N=49.0\times10^3\mathrm{kW}$ 不符,而第二次试算求得 $N'=48.96\times10^3\mathrm{kW}$,与要求值很接近。算完一个时段后继续下个时段的试算,直至期末。在计算过程中,上时段末水库蓄水量就是下个时段初的水库蓄水量。

表 4-3 定出力操作水库调节计算(顺时序)

时间		(1)	某月		
水电站月平均出力 $N/(10^3\mathrm{kW})$		(2)	49		
月平均天然流量 $Q_天/(\mathrm{m}^3/\mathrm{s})$		(3)	64		
水电站引用流量 $Q_电/(\mathrm{m}^3/\mathrm{s})$		(4)	70	(假定) 72.2	
其他部门用水流量 $/(\mathrm{m}^3/\mathrm{s})$		(5)	0	0	
水库水量损失 $Q_损/(\mathrm{m}^3/\mathrm{s})$		(6)	0	0	
水库存入或放出的流量 $\Delta Q/(\mathrm{m}^3/\mathrm{s})$	多余水量	(7)			
	不足水量	(8)	6	8.2	
水库存入或放出的水量 $\Delta\overline{W}/(10^6\mathrm{m}^3)$	多余水量	(9)			
	不足水量	(10)	15.8	21.6	
时段初水库蓄水量 $W_初/(10^6\mathrm{m}^3)$		(11)	1042	1042	1020.4
时段末水库蓄水量 $W_末/(10^6\mathrm{m}^3)$		(12)	1026.2	1020.4	
弃水量 $W_弃/(10^6\mathrm{m}^3)$		(13)	0	0	
时段初上游水位 $Z_初/\mathrm{m}$		(14)	184.0	184.0	183.4
时段末上游水位 $Z_末/\mathrm{m}$		(15)	183.5	183.4	
上游平均水位 $\overline{Z}_上/\mathrm{m}$		(16)	183.8	183.7	
下游平均水位 $\overline{Z}_下/\mathrm{m}$		(17)	101.9	102.0	
平均水头 $\overline{H}/\mathrm{m}$		(18)	81.9	81.7	
校核出力值 $N'/(10^3\mathrm{kW})$		(19)	47.58	48.96	

注 1. 已知正常蓄水位为 184.0m,相应的库容为 $1042\times10^6\mathrm{m}^3$。
2. 出力计算公式 $N=AQ_电H=8.3Q_电H$。

根据列表计算结果,即可点绘出水库蓄水量或库水位[表 4-3 中第(12)栏或(15)栏]过程线、兴利用水[表 4-3 中第(4)、(5)栏]过程线和弃水流量[表 4-3 第(13)栏]过程线等。

定出力逆时序计算仍可按表 4-3 格式进行,这时,由于起算点控制条件不同,供水期初库水位不一定是正常蓄水位,蓄水期初兴利库容也不一定正好放空。针对若干典型天然径流进行定出力逆时序操作,绘出水库蓄水量(或库水位)变化曲线组,它是制作水库调度图的重要依据之一。

第三节 水 能 计 算

水能计算的目的主要在于确定水电站的工作情况（例如出力、发电量及其变化情况），是选择水电站的主要参数（例如水库的正常蓄水位、死水位和水电站的装机容量等）及其在电力系统中的运行方式等的重要手段，计算水电站的出力与发电量是水能计算的主要内容。所谓水电站的出力，是指发电机组的出线端送出的功率，一般以千瓦（kW）作为计算单位；水电站发电量则为水电站出力与相应时间的乘积，一般以千瓦时（kW·h）作为计算单位。在进行水能计算时，除考虑水资源综合利用各部门在各个时期所需的流量和水库水位变化等情况外，尚须考虑水电站的水头以及水轮发电机组效率等的变化情况。关于水电站的出力 N 可用下列公式计算：

$$N = 9.81\eta QH = AQH \tag{4-5}$$

式中：Q 为通过水电站水轮机的流量，m^3/s；H 为水电站的净水头，即水电站上下游水位之差减去各种水头损失，m；η 为水电站效率，等于水轮机效率 $\eta_{机}$、发电机效率 $\eta_{电}$ 及机组传动效率 $\eta_{传}$ 的乘积。

在初步估算时，可根据水电站规模的大小采用下列近似计算公式：

$$\left.\begin{array}{l}(1)\text{大型水电站}(N>25\text{ 万 kW}), N=8.5QH(\text{kW}) \\ (2)\text{中型水电站}(N=2.5\text{ 万}\sim 25\text{ 万 kW}), N=(8.0\sim 8.5)QH(\text{kW}) \\ (3)\text{小型水电站}(N<2.5\text{ 万 kW}), N=(6.0\sim 8.0)QH(\text{kW})\end{array}\right\} \tag{4-6}$$

水电站在不同时刻 t 的出力，常因电力系统负荷的变化、国民经济各部门用水量的变化或天然来水流量的变化而不断变动着。因此，水电站在 t_1 至 t_2 时间内的发电量 $E = \int_{t_1}^{t_2} N dt$（kW·h）。但在实际计算中，常用下式计算水电站的发电量

$$E = \sum_{t_1}^{t_2} \overline{N} \Delta t (\text{kW·h}) \tag{4-7}$$

式中：$\overline{N}$ 为水电站在某一时段 Δt 内的平均出力，即 $\overline{N} = 9.81\eta \overline{Q}\,\overline{H}$。$\overline{Q}$ 为该时段的平均发电流量，$\overline{H}$ 为相应的平均水头。Δt 为计算时段，可以取常数，对于无调节或日调节水电站，Δt 可以取为一日，即 $\Delta t = 24h$；对于季调节或年调节水库，Δt 可以取为一旬或一个月，即 $\Delta t = 243h$ 或 $730h$；对于多年调节水库，Δt 可以取为一个月甚至更长，即 $\Delta t > 730h$，计算时段长短，主要根据水电站出力变化情况及计算精度要求而定。

在运行阶段，由于水电站及水库的主要参数（例如正常蓄水位及水电站的装机容量等）均为已定，进行水能计算时就要根据当时实际入库的天然来水流量、国民经济各部门的用水要求以及电力系统负荷等情况，计算水电站在各个时段的出力和发电量，以便确定电力系统中各电站的最有利运行方式。

虽然水能计算的目的和用途可能不同，但计算方法并无区别，可以采用列表法、图解法或电算法等。列表法概念清晰，应用广泛，尤其适合于有复杂综合利用任务的水库的水能计算。当方案较多、时间序列较长时，则宜采用图解法或电算法。因图解法计算精度较差，工作量亦不小，从发展方向看，则应逐渐应用电子计算机进行水能计算，当编制好计

算程序后，即使方案很多，时间序列很长，均可迅速获得精确的计算结果。但是列表法是各种计算方法的基础，为便于说明，举例如下。

【**例 4-3**】 某水电站的正常蓄水位高程为 105.0m，水库水位与库容的关系见表 4-4；水库下游水位与流量的关系见表 4-5。某年各月平均的天然来水流量 $Q_天$、各种损失流量 $Q_损$、下游综合利用需要流量 $Q_用$ 和发电需要流量 $Q_电$，分别见表 4-6 第（2）～（5）行。试求水电站各月平均出力及发电量。

表 4-4　　　　　　　　　　水库水位与库容的关系

水库水位/m	95	97	99	101	103	105	107
库容/亿 m³	3.37	4.10	4.90	5.85	6.91	8.06	9.28

表 4-5　　　　　　　　　水电站下游水位与流量的关系

流量/(m³/s)	0	15	135	1150	3750	6900	10500
下游水位/m	58.7	59	60	62	66	70	74

解：全部计算见表 4-6 所列，其中：

第（1）行为计算时段 t，以月为计算时段，汛期中如来水流量变化很大，应以旬或日为计算时段；

第（2）行为月平均天然来水流量 $Q_天$，本算例中 8 月份已进入水库供水期；

第（3）行为各种损失流量 $Q_损$（其中包括水库水面蒸发和库区渗漏损失）以及上游灌溉引水和船闸用水等项；

第（4）行为下游各部门的用水流量，如不超过发电流量 $Q_电$，则下游用水要求可得到充分满足；如超过发电流量，则应根据各部门在各时期的主次关系进行调整，有时水电站的发电流量尚须服从下游各部门的用水要求；

第（5）行为水电站发电时需从水库引用的流量；

第（6）、（7）行分别为水库供水流量、水库蓄水流量，即(6)=(2)-(3)-(5)，负值表示水库供水；正值表示水库蓄水；

第（8）行为水库供水量，即 $\Delta W = \Delta Q \Delta t$。如在 8 月，$\Delta W = (-39) \times 30.4 \times 24 \times 3600 = -1.024$ 亿 m³，负值表示水库供水量，如为正值，表示蓄水量，可填入第（9）栏；

第（10）行为汛期水库蓄到 $Z_蓄$ 后的弃水量；

第（11）行为时段初的水库蓄水量，本例题在汛期末（7月底）水库蓄到正常蓄水位 105.00m、其相应蓄水量为 8.06 亿 m³；

第（12）行为时段末水库蓄水量，即 $V_末 = V_初 - \Delta W$；

第（13）行为相应于时段初水库蓄水量的水位；

第（14）行为相应于时段末水库蓄水量的水位，它亦为下一个时段初的水库水位；

第（15）行为月平均上游库水位，应采用相应于库容平均值 $\overline{V}$ 的水位 $\overline{Z}_上 = (Z_初 + Z_末)/2$，也可以采用相应于库容平均值的水位；

第（16）行为月平均下游水位 $\overline{Z}_下$，可根据水电站下游水库流量关系曲线（表 4-5）

求得：

第(17)行为水电站的平均水头 $\overline{H}$，即 $\overline{H}=\overline{Z}_上-\overline{Z}_下$；

第(18)行为水电站效率，假设 $\eta_水=0.82$；

第(19)行为所求的水电站月平均出力 $\overline{N}_水$，$\overline{N}_水=9.81\eta\overline{Q}\overline{H}$；

第(20)行为所求的水电站月发电量 $E_水$，$E_水=730\overline{N}_水(kW\cdot h)$。

水电站的出力和发电量是多变的，需要从中选择若干个特征值作为衡量其动能效益的主要指标。水电站的主要动能指标有两个，即保证出力 $N_保$ 和多年平均年发电量 $\overline{E}_年$。

表4-6　　　　　　　　　　水电站出力及发电量计算

时段 t	月	(1)	8	9	10	11	…
天然来水流量 $Q_天$		(2)	8	13	6	12	…
各种损失流量及船闸用水等 $Q_损+Q_船$		(3)	2	4	2	3	…
下游综合利用需要流量 $Q_用$	m³/s	(4)	35	40	30	38	…
发电需要流量 $Q_电$		(5)	45	45	45	45	…
水库供水流量 $-\Delta Q$		(6)	-39	-36	-41	-36	…
水库蓄水流量 $+\Delta Q$		(7)					…
水库供水量 $-\Delta W$		(8)	-1.024	-0.946	-1.077	-0.946	…
水库蓄水量 $+\Delta W$		(9)	—	—	—	—	…
弃水量 $W_弃$	亿 m³	(10)	0	0	0	0	…
时段初水库存水量 $V_初$		(11)	8.060	7.036	6.090	5.013	4.067
时段末水库存水量 $V_末$		(12)	7.036	6.090	5.013	4.067	…
时段初上游水位 $Z_初$		(13)	105.00	103.25	101.75	99.25	97.00
时段末上游水位 $Z_末$		(14)	103.25	101.75	99.25	97.00	…
月平均上游水位 $\overline{Z}_上$	m	(15)	104.13	102.50	100.50	98.13	…
月平均下游水位 $\overline{Z}_下$		(16)	59.25	59.25	59.25	59.25	…
水电站平均水头 $\overline{H}$		(17)	44.88	43.25	41.25	38.88	…
水电站效率 $\eta_水$		(18)	0.82	0.82	0.82	0.82	0.82
月平均出力 $\overline{N}$	万 kW	(19)	1.62	1.57	1.49	1.41	…
月发电量 $E_水$	万 kW·h	(20)	1182.6	1146.1	1087.7	1029.3	…

一、水电站保证出力计算

所谓水电站保证出力，是指水电站在长期工作中符合水电站设计保证率要求的枯水期（供水期）内的平均出力。保证出力在规划设计阶段是确定水电站装机容量的重要依据，也是水电站在运行阶段的一项重要效益指标。

(一) 年调节水电站保证出力计算

对于年调节水电站，在计算保证出力时，应利用各年水文资料，在已知或假定的水库正常蓄水位和死水位的条件下，通过兴利调节和水能计算，求出每年供水期的平均出力，然后将这些平均出力值按其大小次序排列,绘制其保证率曲线,如图4-4所示。该曲线中相应于设计保证率$P_{设}$的供水期平均出力值,即作为年调节水电站的保证出力$N_{保}$。

由于年调节水电站能否保证正常供电主要取决于枯水期,所以在规划设计阶段进行大量方案比较时,为了节省计算工作量,也可以用相应设计保证率的典型枯水期的平均出力,作为年调节水电站的保证出力。在实际水文系列中,往往可能遇到有一些枯水年份的水量虽然十分接近,但因年内水量分配不同,其枯水期平均出力相差较大。因此当水库以发电为主时,水电站保证出力是指符合水电站设计保证率要求的枯水年供水期的平均出力。

(二) 无调节及日调节水电站保证出力计算

计算原理与上述年调节水电站保证出力的计算相似,但须采用历时(日)保证率公式进行统计,可根据实测日平均流量值及其相应水头,算出各日平均出力值然后按其大小次序排列,绘制其保证率曲线,相应于设计保证率的日平均出力,即为所求的保证出力值$N_{保}$。

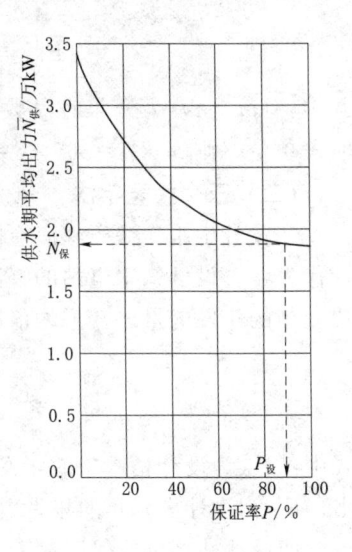

图4-4 供水期平均出力保证率曲线

(三) 多年调节水电站保证出力计算

计算方法与上述年调节水电站保证出力的计算相同,对实测长系列水文资料进行兴利调节与水能计算来求得。简化计算时,可以设计枯水系列的平均出力作为保证出力值$N_{保}$。

二、水电站多年平均年发电量计算

多年平均年发电量是指水电站在多年工作时期内,平均每年所能生产的电能量。它反映水电站的多年平均动能效益,也是水电站一个重要的动能指标。在规划设计阶段,当比较方案较多时,只要不影响方案的比较结果,常采用比较简化的方法,现分述如下。

(一) 设计中水年法

根据一个设计中水年,即可大致定出水电站的多年平均年发电量。其计算步骤如下:

(1) 选择设计中水年,要求该年的年径流量及其年内分配均接近于多年平均情况。

(2) 列出所选设计中水年各月(或旬、日)的净来水流量。

(3) 根据国民经济各部门的用水要求,列出各月(或旬、日)的用水流量。

(4) 对于年调节水电站,可按月进行径流调节计算,对于季调节或日调节、无调节水电站,可按旬(日)进行径流调节计算,求出相应各时段的平均水头$\overline{H}$及其平均出力$\overline{N}$。如某些时段的平均出力大于水电站的装机容量时,应以装机容量值作为平均出力值。

(5) 将各时段的平均出力$\overline{N}_i$乘以时段的小时数t,即得各时段的发电量E_i。设n为平均出力低于装机容量$N_{装}$的时段数,m为平均出力等于或高于装机容量$N_{装}$的时段数,则水电站的多年平均年发电量$\overline{E}_{年}$可用下式估算

$$\overline{E}_\text{年} = E_\text{中} = t\left(\sum_{i=1}^{n}\overline{N}_i + mN_\text{装}\right)(\text{kW}\cdot\text{h}) \qquad (4-8)$$

式中：$(m+n)$ 为全年时段数，当以月为时段单位，则 $m+n=12$，$t=730\text{h}$；当以日为时段单位，则 $m+n=365$，$t=24\text{h}$。

（二）三个代表年法

当设计中水年法不够满意时，可选择三个代表年，即枯水年、中水年、丰水年作为设计代表年。设已知水电站的兴利库容，则按上述步骤分别进行径流调节计算，求出这三个代表年的年发电量，其平均值即为水电站的多年平均年发电量 $\overline{E}_\text{年}$，即

$$\overline{E}_\text{年} = \frac{1}{3}(E_\text{枯} + E_\text{中} + E_\text{丰})(\text{kW}\cdot\text{h}) \qquad (4-9)$$

式中：$E_\text{枯}$ 为设计枯水年的年发电量；$E_\text{中}$ 为设计中水年的年发电量，可根据式（4-8）求出；$E_\text{丰}$ 为设计丰水年的年发电量。

如设计枯水年的保证率 $P=90\%$，则设计丰水年的保证率为 $1-P=10\%$。此外，要求上述三个代表年的平均径流量，相当于多年平均值，各个代表年的径流年内分配情况，要符合各自典型年的特点。

必要时也可以选择枯水年、中枯水年、中水年、中丰水年和丰水年共五个代表年，根据这些代表年估算多年平均年发电量。

（三）设计平水系列法

在求多年调节水电站的多年平均年发电量时，不宜采用一个中水年或几个典型代表年，而应采用设计平水系列年。所谓设计平水系列年，系指某一水文年段（一般由十几年的水文系列组成），其平均径流量约等于全部水文系列的多年平均值，其径流分布符合一般水文规律。对该系列进行径流调节，求出各年的发电量，其平均值即为多年平均年发电量。

（四）全部水文系列法

无论何种调节性能的水电站，当水库正常蓄水位、死水位及装机容量等都经过方案比较和综合分析确定后，为了精确地求得水电站在长期运行中的多年平均年发电量，有必要按照水库调度图（参见第八章）进行调节计算，对全部水文系列逐年计算发电量，最后求出其多年平均值。全部水文系列法适用于初步设计阶段，计算工作量较大，但可应用电子计算机来求算。当径流调节、水能计算等各种计算程序标准化后，对几十年甚至更长的水文资料，均可在很短时间内迅速运算，精确求出多年平均年发电量。

【例 4-4】 资料同 [例 4-1]。已知该电站装机容量为 24 万 kW，水库正常蓄水位为 184.0m，对应的库容为 10.42 亿 m^3；死水位为 163.0m，对应的库容为 4.66 亿 m^3。水库库容特性曲线及下游水位流量关系曲线分别见表 4-7 和表 4-8，水电站出力系数 $A=8.3$。试分别求该电站保证出力 $N_\text{保}$ 和多年平均发电量 $\overline{E}_\text{年}$。

表 4-7 水库水位与库容关系

水位/m	110	120	130	140	150	160	170	180	190
库容/亿 m^3	0	0.20	0.60	1.37	2.50	4.05	6.27	9.10	12.70

表 4-8　　　　　　　　　　　水库下游水位流量关系

水位/m	101.0	101.8	102.1	103.0	104.0	106.0	107.0
流量/(m³/s)	0	46	85	260	540	1280	1740

解： 由于年调节水电站能否保证正常供电主要取决于枯水期，故可用设计枯水年枯水期的平均出力作为该电站的保证出力。具体计算如下。

1. 设计枯水年

表 4-9　　　　　　　　　　设计枯水年电站出力及发电量计算

时段 t	月	3	4	5	6	7	8	9	10	11	12	1	2
天然来水流量 $Q_天$	m³/s	184	389	530	194	189	20	14	37	13	17	15	40
发电流量 $Q_电$	m³/s	184	350	350	194	189	53.57	53.57	53.57	53.57	53.57	53.57	53.57
水库供蓄流量 ΔQ		0	39	180	0	0	-33.57	-39.57	-16.57	-40.57	-36.57	-38.57	-13.57
水库供蓄水量 ΔW	亿 m³	0	1.03	4.73	0	0	-0.88	-1.04	-0.44	-1.07	-0.96	-1.01	-0.36
时段初水库存水量 $V_初$	亿 m³	4.66	4.66	5.69	10.42	10.42	10.42	9.54	8.50	8.06	6.99	6.03	5.02
时段末水库存水量 $V_末$		4.66	5.69	10.42	10.42	10.42	9.54	8.50	8.06	6.99	6.03	5.02	4.66
时段初上游水位 $Z_初$		163.0	163.0	167.57	184	184	184	181.32	177.99	176.53	172.72	169.0	164.74
时段末上游水位 $Z_末$		163.0	167.57	184	184	184	181.32	177.99	176.53	172.72	169.0	164.74	163.0
月平均上游水位 $\overline{Z}_上$	m	163.0	165.29	175.79	184	184	182.66	179.66	177.26	174.63	170.86	166.87	163.87
月平均下游水位 $\overline{Z}_下$		102.61	103.22	103.22	102.66	102.63	101.86	101.86	101.86	101.86	101.86	101.86	101.86
水电站平均水头 $\overline{H}$		60.39	61.97	72.47	81.34	81.37	80.8	77.8	75.4	72.77	69.0	65.01	62.01
水电站出力系数 A		8.3	8.3	8.3	8.3	8.3	8.3	8.3	8.3	8.3	8.3	8.3	8.3
月平均出力 $\overline{N}_水$	万 kW	9.22	18.0	21.05	13.10	12.76	3.59	3.46	3.35	3.24	3.07	2.89	2.76
月发电量 $E_水$	万 kW·h	6731	13140	15367	9563	9315	2621	2526	2446	2365	2241	2110	2015

故该电站保证出力

$$N_保 = \frac{3.59+3.46+3.35+3.24+3.07+2.89+2.76}{7} = 3.19(万\ kW)$$

则枯水年发电量

$$E_枯 = t\left(\sum_1^n \overline{N}_i + mN_装\right)$$

$$\sum_1^{12} E_i = 6731+13140+15367+9563+9315+2621+2526$$
$$+2446+2365+2241+2110+2015$$
$$=70440(万\ kW·h)$$

2. 设计平水年

从表 4-10 可以看出，5 月的月平均出力 26.98 万 kW 大于装机容量 24 万 kW，5 月以装机容量作为该月的平均出力值。所以设计平水年年发电量为

表 4-10 设计平水年电站出力及发电量计算

时段 t	月	3	4	5	6	7	8	9	10	11	12	1	2
天然来水流量 $Q_天$		184	377	685	294	118	47	80	24	19	11	24	33
发电流量 $Q_电$	m³/s	184	377	466	294	118	65.29	65.29	65.29	65.29	65.29	65.29	65.29
水库供蓄流量 ΔQ		0	0	219	0	0	−18.29	+14.71	−41.29	−46.29	−54.29	−41.29	−32.29
水库供蓄水量 ΔW		0	0	5.76	0	0	−0.48	+0.39	−1.09	−1.22	−1.43	−1.09	−0.85
时段初水库存水量 $V_初$	亿 m³	4.66	4.66	4.66	10.42	10.42	10.42	9.94	10.33	9.24	8.02	6.60	5.51
时段末水库存水量 $V_末$		4.66	4.66	10.42	10.42	10.42	9.94	10.33	9.24	8.02	6.60	5.51	4.66
时段初上游水位 $Z_初$		163	163	163	184	184	184	182.54	183.72	180.42	176.41	171.22	166.83
时段末上游水位 $Z_末$		163	163	184	184	184	182.54	183.72	180.42	176.41	171.22	166.83	163
月平均上游水位 $\overline{Z}_上$	m	163	163	173.5	184	184	183.27	183.13	182.07	178.42	173.82	169.02	164.92
月平均下游水位 $\overline{Z}_下$		102.61	103.28	103.74	103.12	102.27	101.95	101.95	101.95	101.95	101.95	101.95	101.95
水电站平均水头 $\overline{H}$		60.39	59.72	69.76	80.88	81.73	81.32	81.18	80.12	76.47	71.87	67.07	62.97
水电站出力系数 A		8.3	8.3	8.3	8.3	8.3	8.3	8.3	8.3	8.3	8.3	8.3	8.3
月平均出力 $\overline{N}_水$	万 kW	9.22	18.69	26.98	19.74	8.0	4.41	4.40	4.34	4.14	3.89	3.63	3.41
月发电量 $E_水$	万 kW·h	6733	13641	19697	14408	5843	3217	3211	3169	3025	2843	2653	2491

$$E_平 = t\left(\sum_1^n \overline{N_i} + mN_装\right)$$
$$= 730 \times [(4.41+4.40+4.34+4.14+3.89+3.63+3.41$$
$$+9.22+18.69+19.74+8.0)+1\times 24]$$
$$= 78745.1 (万 \text{ kW·h})$$

3. 设计丰水年

4月、5月、6月的月平均出力均大于装机容量24万 kW，4月、5月、6月以装机容量作为该月的平均出力值，具体计算见表 4-11。

表 4-11 设计丰水年电站出力及发电量计算

时段 t	月	3	4	5	6	7	8	9	10	11	12	1	2
天然来水流量 $Q_天$		111	497	753	382	197	122	94	64	35	19	11	13
发电流量 $Q_电$	m³/s	111	497	534	382	197	122	94	72.2	72.2	72.2	72.2	72.2
水库供蓄流量 ΔQ		0	0	219	0	0	0	0	−8.2	−37.2	−53.2	−61.2	−59.2
水库供蓄水量 ΔW		0	0	5.76	0	0	0	0	−0.22	−0.98	−1.40	−1.61	−1.56
时段初水库存水量 $V_初$	亿 m³	4.66	4.66	4.66	10.42	10.42	40.42	10.42	10.42	10.20	9.23	7.83	6.22
时段末水库存水量 $V_末$		4.66	4.66	10.42	10.42	40.42	10.42	10.42	10.20	9.23	7.83	6.22	4.66
时段初上游水位 $Z_初$		163	163	163	184	184	184	184	184	183.35	180.38	175.76	169.78
时段末上游水位 $Z_末$		163	163	184	184	184	184	184	183.35	180.38	175.76	169.78	163
月平均上游水位 $\overline{Z}_上$	m	163	163	173.5	184	184	184	184	183.67	181.87	178.07	172.77	166.39
月平均下游水位 $\overline{Z}_下$		102.23	103.85	103.98	103.44	102.68	102.29	102.15	102.0	102.0	102.0	102.0	102.0
水电站平均水头 $\overline{H}$		60.77	59.15	69.52	80.56	81.32	81.71	81.85	81.67	79.87	76.07	70.77	64.39

续表

时段 t	月	3	4	5	6	7	8	9	10	11	12	1	2
水电站出力系数 A		8.3	8.3	8.3	8.3	8.3	8.3	8.3	8.3	8.3	8.3	8.3	8.3
月平均出力 $\overline{N_水}$	万 kW	5.60	24.40	30.81	25.54	13.30	8.27	6.39	4.89	4.79	4.56	4.24	3.86
月发电量 $E_水$	万 kW·h	4087	17811	22494	18647	9707	6037	4662	3570	3494	3328	3095	2817

所以设计丰水年年发电量为

$$E_丰 = t\left(\sum_1^n \overline{N_i} + mN_装\right)$$
$$= 730 \times [(5.60+13.30+8.27+6.39+4.89+4.79+4.56+4.24+3.86)+3\times24]$$
$$= 93367(万\ kW\cdot h)$$

综上，该电站多年平均年发电量为

$$E_年 = (E_枯+E_平+E_丰)/3 = (70440+78745.1+93367)/3 = 80850.7(万\ kW\cdot h)$$

思 考 题

1. 兴利调节计算的原理是什么？兴利调节计算可分为哪两类课题？
2. 某水库一周之内的来水、用水过程见表 4-12，为满足用水过程，求最小需多大的周调节库容，并求出各时段末水库蓄水量。

表 4-12　　　　　某水库一周之内的来水、用水过程

时段	星期一	星期二	星期三	星期四	星期五	星期六	星期日
来水量/万 m³	14	15	15	15	15	15	15
用水量/万 m³	13	8	12	21	13	21	15

3. 说明年调节水库计算的时历列表法步骤。
4. 兴利调节计算的时历列表法应用。

资料：

（1）某水电站水库库容曲线见表 4-13。

表 4-13　**水电站水库库容曲线（表中两个水位组合得到间隔为 1m 的水位值）**

库容/m³＼水位/m　水位/m	0	1	2	3	4	5	6	7	8	9
70	0.26	0.29	0.32	0.36	0.40	0.44	0.49	0.55	0.61	0.68
80	0.76	0.84	0.92	1.01	1.10	1.20	1.34	1.49	1.64	1.80
90	2.00	2.24	2.48	2.74	3.03	3.37	3.72	4.10	4.50	4.90
100	5.35	5.85	6.38	6.91	7.48	8.06	8.65	9.28	9.95	10.67
110	11.39	12.11	12.86	13.63	14.46	15.30	16.20	17.08	18.00	18.94
120	19.90	20.98	22.00	23.06	24.12	25.18	26.30	27.44	28.00	29.79
130	31.00									

(2) 该水电站下游水位流量关系见表 4-14。

表 4-14　　　　　水电站下游水位流量关系

下游水位/m	58.7	59	60	61	61.4	62	64	66	68	70	72	74
下泄流量/(m³/s)	0	15	135	530	800	1150	2420	3750	5250	6900	8675	10500

(3) 该水电站坝址处流量资料见表 4-15。

表 4-15　　　　　水电站坝址处流量资料

月　份	3	4	5	6	7	8	9	10	11	12	1	2
设计枯水年/(m³/s)	141	188	253	61	110	7	9	8	42	15	8	20
设计平水年/(m³/s)	136	241	95	94	220	8	13	6	12	18	31	44
设计丰水年/(m³/s)	146	110	305	272	237	202	132	49	35	15	34	10

(4) 综合利用资料。

该水库下游综合利用需求对发电无约束作用，上游灌溉用水需求见表 4-16。

表 4-16　　　　　水库上游灌溉用水需求

月　份	3	4	5	6	7	8	9	10	11	12	1	2
灌溉用水流量/(m³/s)	0.5	1	2	2	3	3	3	2	1	1	0	0

(5) 已知该水库死水位为 95m。

(6) 不考虑水量损失。

要求：

1) 绘制该水库水位库容关系曲线；

2) 如水库正常蓄水位为 105m，试确定相应的兴利库容数值，并对设计枯水年进行等流量调节列表计算，求调节流量、调节系数及水库蓄水量变化过程；

3) 如固定供水期用水流量 $Q=45\text{m}^3/\text{s}$，用时历列表法确定所需的兴利库容及相应的正常蓄水位。

5. 水能计算的主要任务是什么？

6. 大中小型水电站公式的出力系数为何不等？主要原因是什么？

7. 水能计算的方法有哪些？各有什么优缺点？

8. 水电站保证出力如何计算？

9. 水电站多年平均年发电量如何计算？

第五章 水库常规调度

第一节 水库兴利调度

一、水库兴利调度概述

水库兴利调度的任务是依据规划设计的开发目标，合理调配水量，充分发挥水库的综合利用效益。水库兴利调度的原则是：①在制订兴利调度计划时，要首先满足城乡居民生活用水，既要保重点任务又要尽可能兼顾其他方面的要求，最大限度地综合利用水资源；②要在计划用水、节约用水的基础上核定各用水部门供水量，要贯彻"一水多用"的原则，提高水的重复利用率；③兴利调度方式，要根据水库调节性能和兴利各部门用水特点拟定；④库内引水，要纳入水库水量的统一分配和统一调度。编制水库兴利调度计划，应包括对当年（季、月）来水的预测；协调有关各部门对水库供水的要求；拟订各时段的水库兴利调度指标；根据上述条件，制订年（季、月）的具体供水计划。

水库兴利调度方式是在确保大坝安全和满足下游防洪要求的前提下，使水库兴利效益最大的调度方法，一般有：①保证运行方式，即遭遇平水年时，需要分析兴利部门的需求和水库的供水能力后，再向各兴利部门供水，以尽可能保证兴利效益；②加大运行方式，即遭遇丰水年时，按各兴利部门保证率的高低分别增加供水，以尽可能扩大兴利效益；③降低供水方式，即遭遇特枯水年时，按各兴利部门保证率的高低分别减少供水，并尽可能使因减少供水而造成的损失最小。

二、水库发电调度类型

发电调度的类型一般可根据调节周期的长短来划分。调节周期是指水库发电库容从库空到蓄满再放空，这样一个完整的蓄放过程所需的时间。根据调节周期的长短，发电调度的类型一般可分为日调节、周调节、年调节和多年调节等多种类型。

1. 日调节

除洪水季节外，河川径流在一昼夜内的变化基本是均匀的，而用水部门的需水要求往往是不均匀的。水电站发电用水随负荷的变化而改变，当用水小于河流来水时，就将多余水量蓄存在水库内，供来水不足时使用。这种在一昼夜内将天然径流按发电需要进行重新分配的调节，叫日调节。其调节周期为24h（图5-1）。在洪水期，天然来水丰富，水电站总是以全部装机容量投入运行，整日处于满负荷运行，不必进行日调节。

2. 周调节

在枯水季节，河川径流在一周之内变化不大，但用水部门每天的用水需求不尽相同。例如休假日负荷较小，发电用水也少，这时可把多余水量存入水库，用于负荷较大之日。

这种将天然径流在一周内按需要进行分配的调节称为周调节，其调节周期为一周（图5-2）。进行周调节的水库一般可同时进行日调节。

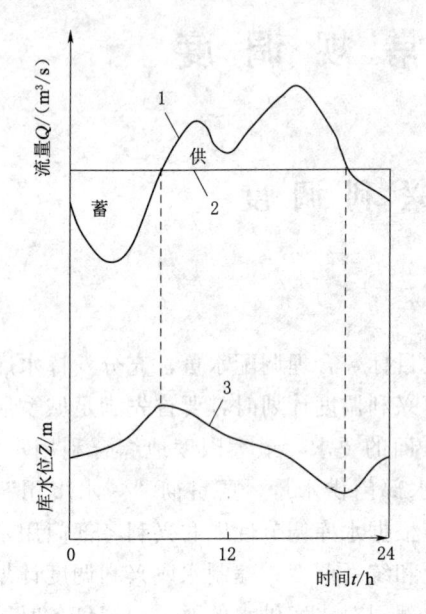

图5-1　径流日调节
1—用水流量；2—天然日平均流量；
3—库水位变化过程线

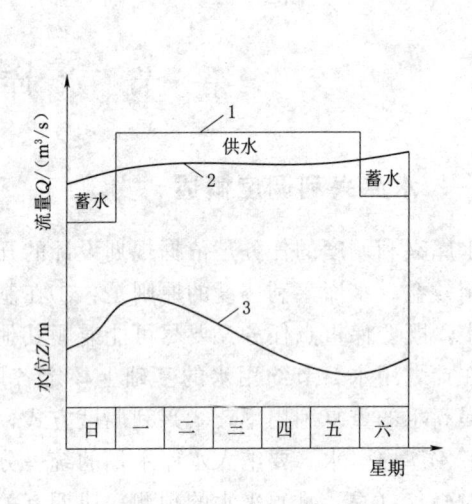

图5-2　径流周调节
1—用水流量；2—天然日平均流量；
3—库水位变化过程线

3. 年调节

一年之内河川径流变化很大，丰水期和枯水期水量相差悬殊。根据防洪和发电要求对天然径流在一年内进行重新分配的调节，称为年调节，其调节周期为一年。它的任务是按照用水部门的年内需水过程，将一年中丰水期多余水量储存在水库中，以提高枯水期的供水量。通常把仅能贮存丰水期的部分多余水量的径流调节，称为不完全年调节；而能将年内全部来水量完全按用水要求重新分配而不发生弃水的径流调节，称为完全年调节（图5-3）。显然，完全年调节和不完全年调节的概念是相对的，它取决于库容的大小和来水量的多少。例如对同一水库而言，可能在一般年份能进行完全年调节，但遇丰水年就很可能发生弃水，只能进行不完全年调节。年调节水库一般可同时进行周调节和日调节。

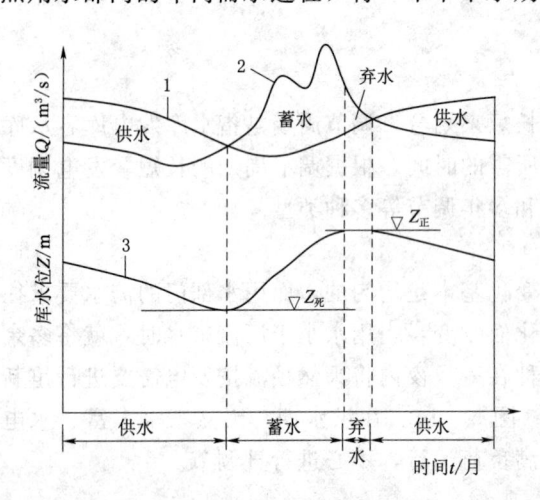

图5-3　径流年调节
1—用水流量；2—天然来水流量；
3—库水位变化过程线

4. 多年调节

将天然径流在年际间进行重新分配的调节，称为多年调节。其任务是利用水库

第一节 水库兴利调度

兴利库容将丰水年的多余水量储存在水库中,用以提高枯水年的供水量。一般多年调节水库须储存一个丰水年系列的多余水量,其库容很大,调节能力很强,所以多年调节水库也可同时进行年调节、周调节和日调节。

由于日调节、周调节型水库容量小,调节周期短,不需考虑长期运行调度,可只按来水条件与发电需求控制水库运行方式,蓄泄来水,故不需制定水库调度图。年调节和多年调节水库容量大,调节周期长,对社会经济影响大,有明显的蓄水期、供水期之分,水库控制运用方式对社会、经济及环境等方面有重要的影响,故需制定科学合理的水库调度图来指导水库的运行调度,以充分利用水资源,促进社会经济的快速安全发展。

三、水库发电调度图的绘制

(一) 年调节水电站水库基本调度线

1. 供水期基本调度线的绘制

在水电站水库正常蓄水位和死水位已定的情况下,年调节水电站供水期水库调度的任务是:对于频率等于及小于设计保证率的来水年份,应在达到保证出力的前提下,尽量利用水库的有效蓄水(包括水量及水头的利用)加大出力,使水库在供水期末泄放至死水位。对于设计保证率以外的特枯年份,应在充分利用水库有效蓄水的前提下,尽量减少水电站正常工作的破坏程度。供水期水库基本调度线就是为完成上述调度任务而绘制的。

根据水电站保证出力图与各年流量资料以及水库特性等,用列表法或图解法由死水位逆时序进行水能计算,可以得到各种年份指导水库调度的蓄水指示线,如图 5-4 (a) 所示。图 5-4 (a) 上的 ab 线根据设计枯水年资料做出,它的意义是:天然来水情况一定时,使水电站在供水期按照保证出力图工作,保证各时刻水库应有的水位。设计枯水年供水期初,如水库水位在 b 处 ($Z_蓄$),则按保证出力图工作到供水期末时,水库水位恰好消落至 a ($Z_死$)。由于各种水文年天然来水量及其分配过程不同,如按照同样的保证出力图工作,则可以发现天然来水越丰的年份,其蓄水指示线的位置越低 [图 5-4 (a) 上②线],意即对来水较丰的年份即使水库蓄水量少一些,仍可按保证出力图工作,满足电力系统电力电量平衡的要求;反之,来水愈枯的年份其指示线位置越高 [图 5-4 (a) 上③线]。

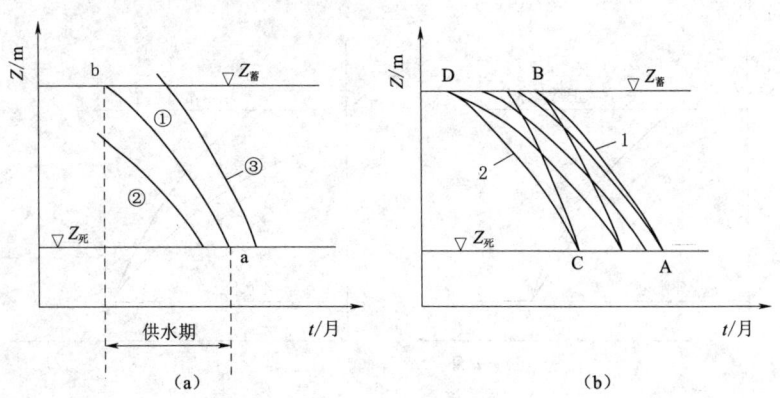

图 5-4 供水期基本调度线
1—上调度线;2—下调度线

在实际运行中,由于事先不知道来水属于何种年份,只好绘出典型水文年的供水期水库蓄水指示线,然后在这些曲线的右上边作一条上包线 AB[图 5-4(b)]作为供水期的上基本调度线。同样,在这些曲线的左下边下包线 CD,作为下基本调度线。两基本调度线间的这个区域称为水电站保证出力工作区,只要供水期水库水位一直处在该范围内,则不论天然来水情况如何,水电站均能按保证出力图工作。

实际上,只要设计枯水年供水期水电站的正常工作能得到保证,丰水年、中水年供水期的正常工作得到保证是不会有问题的。因此,在水库调度中可取各种不同典型的设计枯水年供水期蓄水指示线的上、下包线作为供水期基本调度线,来指导水库的运用。

基本调度线的绘制步骤可归纳如下:

(1) 选择符合设计保证率的若干典型年,并对之进行必要的修正,使它满足两个条件:一是典型年供水期平均出力应等于或接近保证出力,二是供水期终止时刻应与设计保证率范围内多数年份一致。为此,可根据供水期平均出力保证率曲线,选择 4~5 个等于或接近保证出力的年份作为典型年。将各典型年的逐时段流量分别乘以各年的修正系数,以得出计算用的各年流量过程。

(2) 对各典型年修正后的来水过程,按保证出力图自供水期末死水位开始进行逐时段(月)的水能计算,逆时序倒算至供水期初,求得各年供水期按保证出力图工作所需的水库蓄水指示线。

(3) 取各典型年指示线的上、下包线,即得供水期上、下基本调度线。上基本调度线表示水电站按保证出力图工作时,各时刻所需的最高库水位,当某时刻库水位高于该线所表示的库水位时,水电站就要加大出力工作了。下基本调度线表示水电站按保证出力图工作所需的最低库水位,当某时刻库水位低于该线所表示的库水位时,水电站就要降低出力工作了。

运行中为了防止由于汛期开始较迟,较长时间在低水位运行引起水电站出力的剧烈下降而带来正常工作的集中破坏,可将两条基本调度线结束于同一时刻,即结束于洪水最迟的开始时间。处理方法是:将下调度线(图 5-5 上的虚线)水平移动至通过 A 点[图 5-5(a)],或将下调度线的上端与上调度线的下端连起来,得出修正后的下基本调度线[图 5-5(b)]。

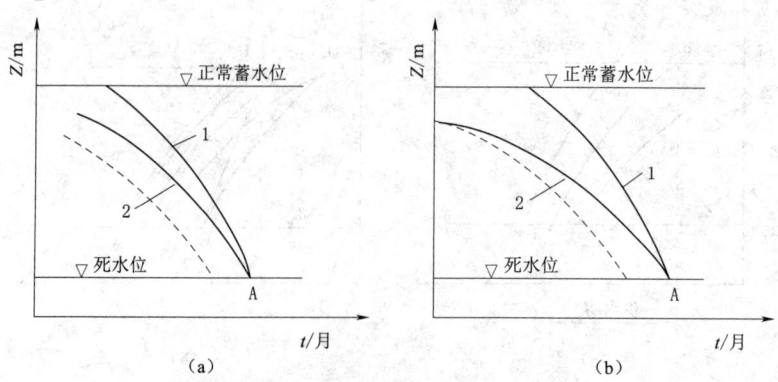

图 5-5 供水期基本调度线的修正
1—上调度线;2—修正后的下调度线

2. 蓄水期基本调度线的绘制

一般地说，水电站在丰水期除按保证出力图工作外，还有多余水量可供利用。水电站蓄水期水库调度的任务是：在保证水电站工作可靠性和水库蓄满的前提下，尽量利用多余水量加大出力，以提高水电站和电力系统的经济效益。蓄水期基本调度线就是为完成上述重要任务而绘制的。

水库蓄水期上、下基本调度线的绘制，也是先求出许多水文年的蓄水期水库水位指示线，然后作它们的上、下包线求得。这些基本调度线的绘制，也可以和供水期一样采用典型年的方法，即根据前面选出的若干设计典型年修正后的来水过程，对各年蓄水期从正常蓄水位开始，按保证出力图进行出力为已知情况的水能计算，逆时序倒算求得保证水库蓄满的水库蓄水指示线。为了防止由于汛期开始较迟而过早降低库水位引起正常工作的破坏，常常将下调度线的起点 h′向后移至洪水开始最迟的时刻 h 点，并作 gh 光滑曲线，如图 5-6 所示。

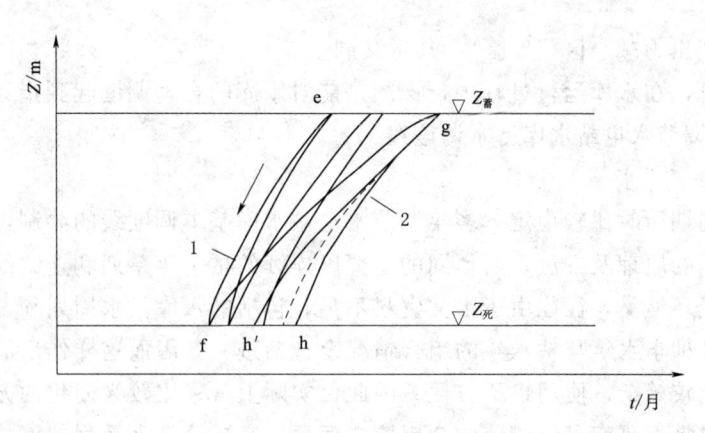

图 5-6　蓄水期水库调度线
1—上基本调度线；2—下基本调度线

上面介绍了采用供、蓄水期分别绘制基本调度线的方法，但有时也用各典型年的供、蓄水期的水库蓄水指示线连续绘出的方法，即自死水位开始逆时序倒算至供水期初，接着算至蓄水期初再回到死水位为止，然后取整个调节期的上、下包线作为基本调度线。

3. 水库基本调度图

将上面求得的供、蓄水期基本调度线绘在同一张图上，就可得到基本调度图，如图 5-7 所示。该图上由基本调度线划分为 5 个主要区域：

(1) 供水期出力保证区（A 区）。当水库水位在此区域时，水电站可按保证出力图工作，以保证电力系统正常运行；

(2) 蓄水期出力保证区（B 区）。其意义同上；

(3) 加大出力区（C 区）。当水库水位在此区域内时，水电站可以加大出力（大于保证出力图规定的）工作，以充分利用水能资源；

(4) 供水期出力减小区（D 区）。当水库水位在此区域内时，水电站应及早减小出力（小于保证出力图所规定的）工作；

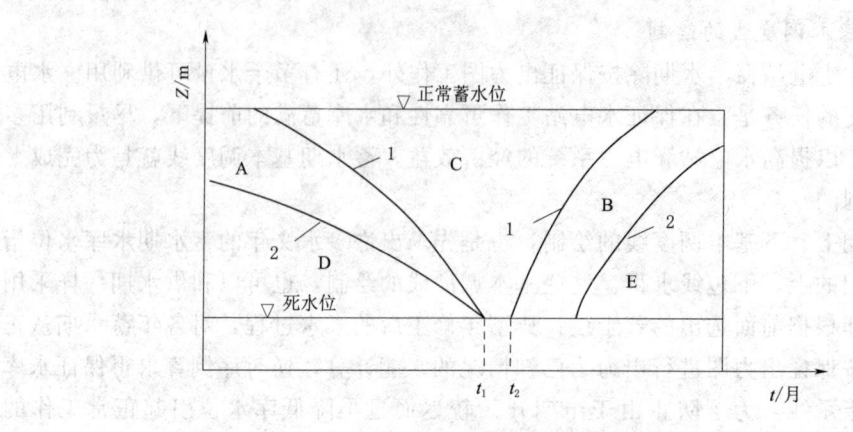

图 5-7 水库基本调度图
1—上基本调度线；2—下基本调度线

(5) 蓄水期出力减小区（E区）。其意义同上。

由上述可见，在水库运行过程中，该图是能对水库的合理调度起到指导作用的。

(二) 多年调节水电站水库基本调度线

1. 绘制方法及其特点

如果调节周期历时比较稳定，多年调节水电站水库基本调度线的绘制，原则上可用和年调节水库相同的原理及方法。所不同的是要以连续的枯水年系列和连续的丰水年系列来绘制基本调度线。但是，往往由于水文资料不足，包括的水库供水周期和蓄水周期数目较少，不可能将各种丰水年与枯水年的组合情况全包括进去，因而这样作出的曲线是不可靠的，而且方法比较繁杂，使用也不方便。因此，实际上常采用较为简化的方法，即计算典型年法，其特点是不研究多年调节的全周期，而只研究连续枯水系列的第一年和最后一年的水库工作情况。

2. 计算典型年及其选择

为了保证连续枯水年系列内都能按水电站保证出力图工作，只有当多年调节水库的多年库容蓄满后还有多余水量时，才能允许水电站加大出力运行；在多年库容放空，而来水又不满足保证出力时，才允许降低出力运行。根据这样的基本要求，我们来分析枯水年系列第一年和最后一年的工作情况。

对于枯水年系列的第一年，如果该年末多年库容仍能够蓄满，也就是该年供水期不足水量可由其蓄水期多余水量补充，而且该年来水正好满足按保证出力图工作所需要的水量，那么根据这样的来水情况绘出的水库蓄水指示线即为上基本调度线。显然，当遇到来水情况丰于按保证出力图工作所需要的水量时，可以允许水电站加大出力运行。

对于枯水年系列的最后一年，如果该年年初水库多年库容虽已经放空，但该年来水正好满足按保证出力图工作的需要，因此，到年末水库水位虽达到死水位，但仍没有影响电力系统的正常工作，则根据这种来水情况绘制的水库蓄水指示线，即可以作为水库下基本调度线。只有遇到水库多年库容已经放空且来水小于按保证出力图工作所需要的水量时，水电站才不得不限制出力运行。

根据上面的分析,选出的计算典型年最好应具备这样的条件:该年的来水正好等于按保证出力图工作所需要的水量。我们可以在水电站的天然来水资料中,选出符合所述条件而且径流年内分配不同的若干年份作为典型年,然后对这些年的各月流量值进行必要修正(可以按保证流量或保证出力的比例进行修正),即得计算典型年。

3. 基本调度线的绘制

根据上面选出的各计算典型年,即可绘制多年调节水库的基本调度线。先对每一个年份按保证出力图自蓄水期末的允许最高兴利蓄水位(正常蓄水位或防洪限制水位),逆时序倒算(逐月计算)至蓄水期初的年消落水位。然后再自供水期末从年消落水位倒算至供水期初相应的正常蓄水位。这样就求得各年按保证出力图工作的水库蓄水指示线,如图 5-8 上的虚线。取这些指示线的上包线即得上基本调度线(图 5-8 上的 1 线)。

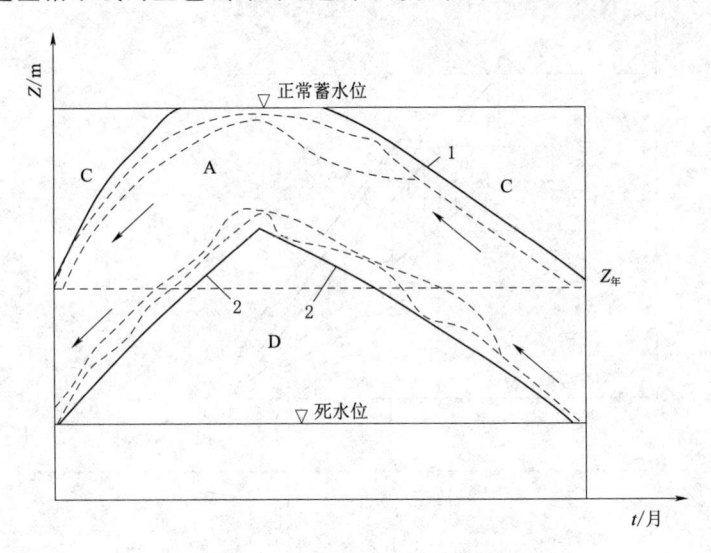

图 5-8 多年调节水库基本调度图
1—上基本调度线;2—下基本调度线

同样,对枯水年系列最后一年的各计算典型年,供水期末自死水位开始按保证出力图逆时序计算至蓄水期初又回到死水位为止,求得各年逐月按保证出力图工作时的水库蓄水指示线。取这些线的下包线作为下基本调度线。

将上、下基本调度线同绘于一张图上,即构成多年调节水库基本调度图,如图 5-8 所示。图上 A、C、D 区的意义同年调节水库基本调度图,这里的 A 区就等同于图 5-7 上的 A、B 两区。

(三) 加大出力和降低出力调度线

在水库运行过程中,当实际库水位落于上基本调度线之上时,说明水库可有多余水量,为充分利用水能资源,应加大出力予以利用;而当实际库水位落于下基本调度线以下时,说明水库存水不足以保证后期按保证出力图工作,为防止正常工作被集中破坏,应及早适当降低出力运行。

1. 加大出力调度线

在水电站实际运行过程中,供水期初总是先按保证出力图工作。但运行至 t_1 时,发现水库实际水位比该时刻水库上调度线相应的水位高出 ΔZ_i（图 5-9）。相应于 ΔZ_i 的这部分水库蓄水称为可调余水量；可用它来加大水电站出力，但如何合理利用，必须根据具体情况来分析。一般来讲，有以下三种运用方式：

(1) 立即加大出力。使水库水位在时段末 t_{i+1} 就落在上调度线上（图 5-9 上①线）。这种方式对水量利用比较充分，但出力不够均匀。

(2) 后期集中加大出力（图 5-9 上②线）。这种方式可使水电站较长时间处于较高水头下运行，对发电有利，但出力也不够均匀。如汛期提前来临，还可能发生弃水。

(3) 均匀加大出力（图 5-9 上③线）。这种方式使水电站出力均匀，也能充分利用水能资源。

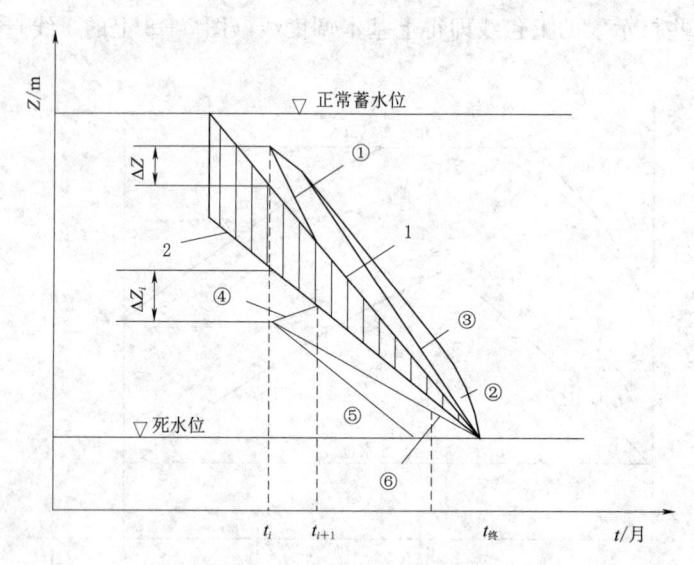

图 5-9 加大出力和降低出力的调度方式
1—上基本调度线；2—下基本调度线

当分析确定余水量利用方式后，可用图解法或列表法求算，并绘制加大出力调度线。

2. 降低出力调度线

如水电站按保证出力图工作，经过一段时间至 t_i 时，由于出现特枯水情况，水库供水的结果使水库水位处于下调度线以下，出现水量不足，这时，系统正常工作难免要遭受破坏。对这种情况，水库调度有以下三种方式：

(1) 立即降低出力。使水库蓄水在 t_{i+1} 时就回到下调度线上（图 5-9 上④线）。这种方式破坏时间也比较短；

(2) 后期集中降低出力（图 5-9 上⑤线）。水电站一直按保证出力图工作，水库有效蓄水放空后按天然流量工作。如果此时蓄水量很小，将引起水电站出力的剧烈降低。这种调度方式比较简单，且系统正常工作破坏的持续时间较短，但破坏强度大是其最大缺点。采用这种方式时应持慎重态度。

(3) 均匀降低出力（图 5-9 上⑥线）。这种方式使破坏时间长一些，但破坏强度最小，另外时间较长，系统较容易补充容量。

一般情况下，常按上述第三种方式绘制降低出力线。

将上、下基本调度线及加大出力和降低出力调度线绘于同一张图上就构成了以发电为主要目的的调度全图，根据它可以比较有效地指导水电站的运行工作。

四、水库灌溉调度问题研究

要研究灌溉水库调度，首先要落实灌溉面积、作物组成、需水定额等基本数据，通过详细的分析计算，得出灌溉需水过程线，作为研究灌溉水库调度的依据。当灌区在坝下游取水时，灌溉需水过程线还要考虑下游引水位的要求。为了使水库调度的研究建立在可靠的基础上，最好要做出尽可能长的灌溉需水过程线系列，与已有的径流系列相适应，特别是多年调节水库一般都应具备长系列灌溉需水过程线资料。对于年调节水库，如只按典型年计算，则对于典型年的选择要认真研究。

其次，要详细地进行径流调节计算。对于灌溉水库，径流调节计算相对来说比较简单，即进行来水与用水的水量平衡，在一定保证率条件要求下，校核原有的调节库容是否够用，或在已定库容的条件下，校核保证率是否达到设计要求。由于水库运行以来各方面的情况均会有所变化，故径流调节计算的结果往往与原设计不一致。如果差别不大，可以进行适当处理，但如差别过大，则应通过原设计单位及上级批准后进行修改，明确应采用的数据。一般来说，以适当改变保证率来适应变化的情况比较容易被各方面所接受。

然后，根据径流调节计算结果绘制调度图，制定出调度规则。在绘制调度图时，还要根据灌区实际情况，一方面要研究在多水时如何加大用水，增加灌溉及其他方面的效益；另一方面还要研究在少水时采取何种措施节约用水，使减少供水对农业的影响降至最低限度。后者比前者更为重要。如果区间有其他水资源可以利用，则还应制订相应的进行灌溉补偿调节的调度规则。

以灌溉水库群为例，灌溉调度的基本原则需考虑以下几点：

（1）首先要区分水库群各库的基本任务，是属于纯灌溉水库或以灌溉为主兼顾发电的水库，还是灌溉发电并重的水库。根据不同基本任务，处理方式不同。

（2）纯灌溉水库群向灌区适时提供水量问题，只需考虑分配水量，而不需要考虑水头损失而导致的能量损失。对于梯级纯灌溉水库，由于上游水库放入下游水库的水可再调节，下游水库的需水量可由上游各梯级补给，因此，蓄水时应由上游水库先蓄，最下级水库最后充蓄，供水期最下游水库先供水，最上游水库最后供水。这种蓄供方式可使各梯级入库水量得以充分利用，达到总弃水量最小的目的。并联水库一般可按调节性能和来水规律决定蓄放水次序。调节性能高的或汛期结束较早的水库先蓄水，以保证它们的正常充蓄；调节性能低的或汛期结束较迟的水库可后蓄水，以避免早蓄而产生弃水。供水期，调节能力较差的水库按自身有利方式放水，调节性能高的水库根据灌溉用水要求，考虑补偿需要放水。

（3）灌溉发电并重的水库，既要考虑适时提供足够灌溉水量，又要使发电效益达到最大，最终使总效益达到最大。在水库群统一调度方面，灌溉与发电往往有一定矛盾，例如在梯级水库中，为了提高灌溉用水的保证程度及充分利用水量，往往以上游水库先蓄水，下游水库先供水为有利。但从发电角度考虑，下游水库先蓄水，上游水库先供水一般是有利的。因此，在拟定统一的调度方式时，就要照顾到这两方面，拟定一些调度方案（例如可根据各水库的水位情况来决定何时应由上库供水，何时应由下库供水，何时各水库应按某一比例共同供水等，通过对历史资料的调度计算，选出既能满足灌溉要求，又使发电效益较大的统一调度方式）。

若系上游库内取水灌溉，由于发电用水和灌溉用水不能结合，即需分别满足两者要求。这种情况一般只有通过一些方案的计算来选择统一调度方案，或先按发电蓄放水次序判定各库的蓄放水次序，若其与灌溉蓄放水次序符合，可进一步确定两者的蓄供水量；若与灌溉要求的蓄放次序有矛盾，则按任务主次关系做决策。

若系自坝下引水，则应先发电后灌溉。可先从发电方面研究补偿调节或蓄放水方式来制定水库群的统一调度方式，然后检验是否满足灌溉需水要求，如不满足则应视来水情况调整发电用水量；如来水较丰，可采用加大发电用水量的方式以满足灌溉需水要求。

(4) 对面积较大的灌区，可按灌区的地理位置、渠道布置情况、控灌高程等因素划分成若干供水区，分别供水，其原则为：

1) 各库就近供水，当附近水库不能满足近区需水量时，其他水库补给，多余水量统一分配至其他供水区。

2) 高库高灌，低库低灌，即引水渠道高的水库，首先应尽量满足控灌高程高的灌区的需水量。

五、水库灌溉调度图的绘制

（一）年调节水库灌溉调度图的绘制

灌区的灌溉需要有一定的供水过程，对于灌溉兴利的年调节水库，在灌溉设计保证率范围以内，就水库的年来水总量看，应该是可以满足灌溉要求的，但从来水的过程看，就未必符合灌溉需要的需水过程，因此需要由水库来进行调节。年调节灌溉水库的调度，就是协调天然来水同灌溉用水在水量与时间分配上的矛盾，并区分出水库正常供水、加大供水和减少供水的界限，使水库能在保证安全的前提下，一般年份保证灌溉正常供水，特枯年份及时减少供水以减少损失。年调节灌溉水库的调度，同发电水库的调度一样，也需要依靠统计调度图来具体指导和实施。

1. 代表年的选择

绘制调度图时，为了使作出的调度图能适应各种来水情况，代表年的选择需要考虑年内来水过程的各种情况。具体讲，就是要求代表年的年来水量应等于或略大于当年所需的灌溉用水量，因为这样的年份应当属于保证供水范围。对于年来水量虽然略小于灌溉用水量的年份，若年内分配比较特殊，也可以选为代表年，但要修正年来水量使之等于灌溉年需水量。另外，所选代表年的来水与灌溉用水的年内分配，应是组合后较为不利的情况。

当来水与用水的相关程度不高时，则可以考虑来水与用水不同年份的可能组合，以来水或用水为主来选择代表年。实际应用中，常分为实际代表年法和设计代表年法两类。

(1) 实际代表年法。该法是从实测的年来水量和年用水量系列中，选年来水量和年用水量都接近灌溉设计保证率的三五个年份作为代表年。也可以年来水为主、年用水相应，或以年用水为主、年来水相应选代表年。所选代表年中无论是来水，还是用水都应包括不

（2）设计代表年法。该法是将选出的实际代表年的年来水量和年用水量进行缩放，转换为与设计保证率相应的设计年来水量与设计年用水量，这样，所选各代表年的年来水量与年用水量分别都等于设计年来水量与设计年用水量，但其年内分配各不相同。

在利用代表年法绘制调度图时，需要注意，当水库兴利调节计算时，原设计是用长系列法求出兴利库容的，如果此时采用代表年法所得的水库最高蓄水位低于设计正常蓄水位，可选取某一蓄水位略高于设计正常蓄水位的年份作为代表年之一。当水库兴利调节计算时，原设计也是用代表年法求出兴利库容的，此时所选的代表年中应包括原设计时的代表年。

2. 调节计算绘制调度图

根据所选代表年的来水和灌溉用水过程，由供水期末死水位开始，逆时序逐时段进行水量平衡计算，遇亏水相加，遇余水相减，直至水库开始蓄水时刻为止，得出这一年各时段末的应蓄水量和库水位过程。将各代表年的库水位过程绘于同一张图上，并连接各时段末水位的最高点与最低点得上、下包线，即为灌溉调度的两条基本调度线——防破坏线与限制供水线。这两条线与所区分的正常供水区、加大供水区和限制供水区组成了灌溉水库的灌溉调度图，如图5-10所示。

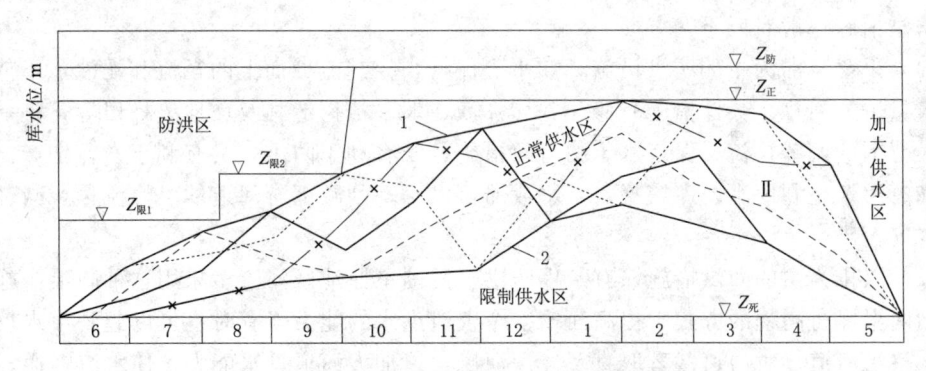

图5-10 年调节灌溉水库调度图
1—上包线，防破坏线；2—下包线，限制供水线

由于上包线是所选各代表年按保证率正常供水所需水库蓄水的最高点的连线，当水库蓄水量高于该线时，说明有余水可以加大供水，故上包线以上为加大供水区，上包线又称为加大供水线。当水库蓄水量低于上包线时，若加大供水，就可能引起正常灌溉破坏，所以上包线又称为防破坏线。下包线是所选各代表年按保证率正常供水所需水库蓄水的最低点的连线，当水库蓄水量低于该线时，说明无法按保证率正常供水，应限制供水，故下包线以下为限制供水区，下包线又称为限制供水线。上、下包线之间为正常供水区。

需要说明的是：当水库库水位超过防破坏线时，加大供水并不是加大灌区单位面积上的灌溉水量，而是指可以扩大灌溉面积。对于兼有发电、城镇供水等兴利任务的灌溉水库，加大供水则可以增加发电、供水的流量。

（二）多年调节水库灌溉调度图的绘制

多年调节灌溉水库的调度图与年调节灌溉水库的调度图一样，也由防破坏线与限制供水线,以及这两条基本调度线划分的三个运行区组成。所不同的仅在于多年调节灌溉水库由于能将丰水年或丰水年组的多余水量蓄存在库内,故不仅可以调节年内来水量,而且可以调节年际之间的来水量,因此扩大了正常供水区的范围。至于调度图绘制的原理则完全相同,都是通过调节计算,求出防破坏线与限制供水线,绘制的方法也可以采用代表年法。

第二节 水库防洪调度

一、水库防洪调度概述

根据历史记载,我国是个洪水灾害较多的国家。中华人民共和国成立以后,人民政府十分重视防洪工作,修建了大量的水利工程,对于一般的洪水虽然可以控制,但对于较大或特大洪水,目前还不能抵御。如1963年的海河大水,1975年的河南大水,1981年的四川大水,1991年的苏皖大水等都给人民群众造成严重损失。特别是随着经济的发展,人口的增加,今后,同样程度的洪水带来的损失将越来越大。因此,做好防洪工作,仍是一项十分艰巨的任务。

防洪措施一般有以下两方面:

(1) 以蓄、滞为主的防洪措施,如水土保持,控制流域面上的径流和泥沙,不使其流失和大量进入河槽。具体措施有修建谷坊、塘、堰、植树造林及坡地改梯田等,是一种大面积大范围的调节径流、保持水土的有效措施,既有利于防洪,又有利于农业增产。修库蓄洪和滞洪,是利用水库库容拦蓄洪水或滞蓄洪水,削减下游河道的洪峰流量,减轻或消除洪水灾害。

(2) 以排为主的防洪措施,有筑堤防洪,我国平原地区河流多采用这种防治措施,即用增加两岸堤防高程的方式,提高河槽安全宣泄洪水的能力,有时也可以起到束水攻沙的作用;整治河道,对河道截弯取直及浚深河床,以加大河道过水能力,使水流畅通,水位降低。

水库防洪的任务一般有两方面:①确保大坝安全;②既要确保大坝安全,又要承担下游防洪任务。不论是哪一种防洪任务,均需设置防洪库容(或拦洪库容、调洪库容)。

为了充分发挥水库的防洪作用及确保大坝安全,每一个水库都应当根据上下游及水库本身的防洪要求、自然条件、洪水特性、工程情况等,拟定合理的防洪调度方式。防洪调度方式的选择是比较复杂的,一般要根据水库至防洪控制点的情况与防洪保护区的情况具体研究处理,考虑是采取固定泄量下泄,还是采用补偿调节或分级防洪调度的方式等。

二、水库防洪调度图

为了有效地利用防洪库容,合理解决水库安全与下游防洪的矛盾,以及防洪安全与兴利蓄水的矛盾,一般水库都要绘制防洪调度图(图5-11)。

防洪调度图是指导水库防洪调度的基本依据,它根据上游来水特性和受保护地区的防洪要求而编制,综合反映了水库进行防洪调度的调度原则。防洪调度图由水库在汛期各个

第二节 水库防洪调度

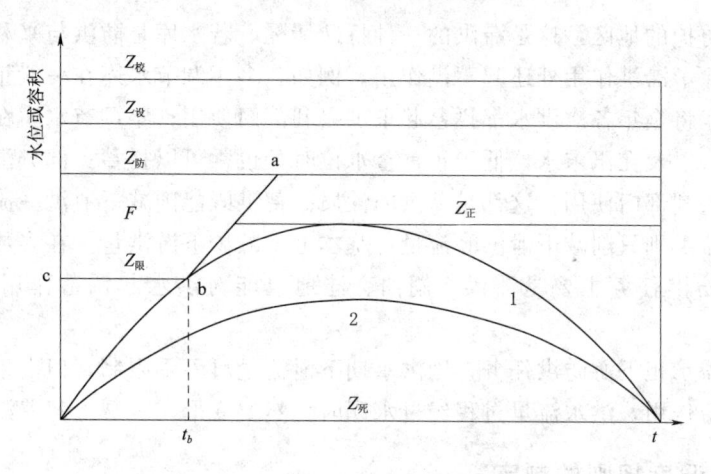

图 5-11 某水库防洪、发电调度图
1—上基本调度线；2—下基本调度线

时刻的蓄水指示线所组成，反映了汛期内不同时刻水库为了拦蓄洪水所必须留出的防洪库容。具体来说，防洪调度图由防洪调度线、防洪限制水位等汛期蓄水指示线和由这些指示线所划分的汛期各级调洪区构成。

防洪调度线的绘制方法是：先根据设计洪水可能出现的最迟日期 t_b，在发电调度图的上基本调度线上定出 b 点，该点相应的水位即为汛期防洪限制水位，其与防洪高水位之间的水库容积即为防洪库容值。根据防洪库容值及下游防洪标准的洪水过程线，经水库调洪演算得到水库蓄水量过程线，然后将该线移到水库发电调度图上，使其起点与上基本调度线上的 b 点重合，由此得出的线 ab 即为防洪调度线。abc 线以上的区域 F 即为防洪限制区，c 点相应的时间为汛期开始时间。在整个汛期内，水库蓄水量一旦超过防洪调度线 ab，水库即应以安全下泄量或闸门全开进行泄洪，使水库水位回到防洪调度线上。实际工作中，为了确保防洪安全，应选择几个不同的典型洪水过程线，分别绘制其蓄水过程，然后取下包线，得到防洪调度线。

三、防洪调度方式的拟定

防洪调度直接关系到水库的安全及其综合效益的发挥，而要搞好水库的防洪调度，就必须事先拟定出水库防洪调度的方式。所谓防洪调度方式，是指在确保水库安全的前提下，实现防洪任务的水库运用方式。而如何实现水库的防洪任务，还需要根据水库上下游及本身的防洪要求、自然条件、洪水特性等情况来确定是采用自由泄流，还是固定下泄，或者补偿调节的运用方式，既满足下游的防洪要求，又能保证大坝的安全。通常按下游有无防洪任务两种情况来拟定水库防洪调度方式。

当水库有下游防洪任务时，防洪调度的作用主要是削减下泄洪水流量，使其不超过下游河床的安全泄量。水库的任务主要是滞洪，即在一次洪峰到来时，将超过下游安全泄量的那部分洪水暂时拦蓄在水库中，待洪峰过去后，再将拦蓄的洪水下泄掉，腾出库容来迎接下一次洪水。有时，水库下泄的洪水与下游区间洪水或支流洪水遭遇，相叠加后其总流量会超过下游的安全泄量，这时就要求水库起"错峰"的作用，使下泄洪水不与下游洪水同时到达需要防护的地区，这是滞洪的一种特殊情况。若水库是防洪与兴利相结合的综合利用水库，则除了滞洪作用外还起蓄洪作用。例如，多年调节水库在一般年份或库水位较低时，常有可能将全年各次洪水都拦蓄起来供兴利部门使用；年调节水库在汛初水位低于防洪限制水位，以及在汛末水位低于正常蓄水位时，也常可以拦蓄一部分洪水在兴利库容内，供枯水期兴利部门使用，这都是蓄洪的性质。蓄洪既能削减下泄洪峰流量，又能减少下游洪量，而滞洪则只削减下泄洪峰流量，基本上不减少下游洪量。在多数情况下，水库对下游承担的防洪任务主要是滞洪。湖泊、洼地也能对洪水起调蓄作用，与水库滞洪类似。

若水库不需承担下游防洪任务，则洪水期下泄流量可不受限制，但由于水库本身自然地对洪水有调蓄作用，洪水流量过程经过水库时仍然要变形，客观上起着滞洪的作用。

四、防洪调度规则的制定

水库调洪是根据水库防洪调度原则和实际来水情况进行水库水量调度，决定水库调洪方式的有关规定和具体要求一般包括判别洪水大小的具体条件，控制流量的等级与数值，各种调洪库容与其他防洪措施的使用方式与程序等。每个水库的调洪规则需根据各自的具体情况来拟定。按照不同洪水的判别条件，常有以下几种决定调洪规则的方法：

（1）最高水位判别法。即以各种频率洪水的水库最高调洪水位为判别条件的方法。在洪水调度时，根据实际的库水位达到哪种频率洪水的最高调洪水位来判别入库洪水的级别，并由此确定水库以该频率洪水的调洪规则控制泄流。用该法作为判别条件，一般不会发生未达到标准就加大泄量的情况，但由于加大泄量较迟，对泄洪时机掌握较晚，因而水库需要较大的调洪库容。

（2）最大流量判别法。以各种频率洪水的洪峰流量为判别条件的方法。在洪水调度时，根据预报的入库流量达到哪种频率洪水的洪峰流量来判别入库洪水的级别，并由此决定水库以该频率洪水的调洪规则控制泄流。一般适用于调洪库容小，洪峰流量对库水位的变化起主要作用的水库。

（3）综合判别法。以上两种判别条件相结合的方法。例如，在洪水调度时，可按库水位和入库流量中哪一项先满足各自的最大值（最高洪水位和洪峰流量）来判别洪水大小，并以此决定相应的调洪规则控制泄流。

五、防洪预报调度概述

为了充分发挥水库的效益，使防洪与兴利尽可能地结合起来，利用预报进行水库防洪调度，称之为防洪预报调度。一般分为考虑短期水文预报进行防洪调度与考虑中期预报进行防洪调度。从水库规划设计角度而言，考虑预报进行预泄，从而减少防洪库容，或者考虑预报提前判别洪水是否超过标准，从而减少防洪库容、调洪库容，以降低设计洪水位、校核洪水位。从已建成水库的防洪控制运用来说考虑预报进行预泄，可以腾空部分防洪库容，增加水库的抗洪能力，或更大限度地削减洪峰，保证下游防洪安全；当水库建有电站时可以减少洪水弃水量，增加发电量，并可利用洪水预报适时超蓄或及时抓住"洪水尾巴"，增加兴利蓄水量等。进行防洪预报调度最重要的条件是：预报的预见期、预报洪峰与洪量的可靠度与精确度，故需对预报方案作详细的评定分析。

预报调度方式由于流域降雨时空分布的复杂变化，不能用如同前面所谈到的以简单的泄洪规划定量的方式来表达，需要设计相应的计算机应用软件去快速运算。应用软件在接收到当前降雨等信息后，应立即用预报方案算（报）出水库入流过程，并随即进行调洪演算、分析，计算面临时段泄量，供决策管理者决策执行。一套防洪预报调度的整个作业过程、决策过程都应当尽可能快速完成，以提高洪水预报的效用。

六、水库群防洪联合调度

水库群的防洪联合调度是指位于同一条河干流、支流的各水库，为确保各水库区间及下游与各水库大坝的防洪安全，共同进行的防洪调度。

彼此间有着一定水力或水利联系并共同发挥效益的水库，组成水库群。处于同一河流，沿河分段筑坝并自下而上抬高水位，呈阶梯形状分布的一系列水库组成串联式水库群，也叫梯级水库群 [图 5-12（a）]；处于同一水系的不同支流或处于不同水系，而有着若干水利联系的若干水库，组成并联式水库群 [图 5-12（b）]；兼有以上两种关系和联系的水库联合在一起时，则组成混联式水库群 [图 5-12（c）]。

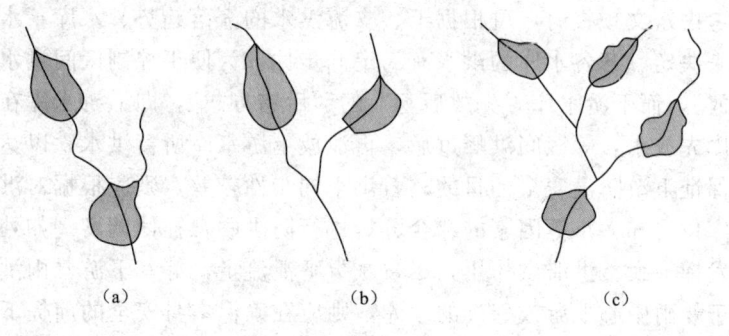

图 5-12 水库群示意图
(a) 梯级水库群；(b) 并联式水库群；(c) 混联式水库群

由于水库众多，各水库间又有着水力及水利等多种联系，区间及下游防洪要求的情况也很复杂，尽管水库群中各水库的洪水调节，原则上可以采用与单一水库相同的方法进行，但水库群的防洪联合调度比单一水库更为复杂。总的来说，它需要解决各水库与下游区间的防洪联合补偿调度问题，主要有：通过洪水情况与组合分析计算，确定各水库的设计、校核洪水标准与各区间及下游的防洪标准，并推求相应的设计洪水；通过联合补偿调洪计算和必要的技术经济论证，确定调洪库容在各水库之间的合理分配及各水库的补偿调洪方式等。调节时应遵循使整个水库群联合防洪效益最大的原则。

1. 水库群防洪联合调度的方法

（1）常规方法。常规方法是一种借助于调度准则的半经验半理论方法。此方法利用水库的抗洪能力图、防洪调度图等经验图表，实施防洪调度操作，并考虑了前期一些水文、气象因子对预留防洪库容的影响，此方法对预泄、错峰和补偿调度等具有一定的指导价值。因此，常规方法是目前普遍采用的一种传统方法，但由于常规方法是一种经验性方法，且不能考虑预报因子，所以此法仅适用于中小型水库。

(2) 系统分析方法。近 50 多年来，系统分析方法在水库群联合调度的研究和实践中得到了广泛应用，并取得了丰硕的成果，此方法先确定水库群防洪系统调度的目标函数，并建立相应的约束条件，然后运用一定的优化方法求得目标函数的极值，从而得到水库群控制运用的最佳调度运行方式。目前常采用的有模拟方法和优化方法。

1) 模拟方法。模拟方法是将所要研究的客观系统转化为数学模型，利用计算机对数学模型进行有计划、多步骤的多次模拟运行，通过一定的优选技术，分析每次模拟运行的特性，从而选出最优决策。模拟方法与优化方法相比，通常不受数学模型的限制，即使非常复杂的数学模型，也能够进行模拟运行，且有利于计算机求解，但模拟技术只能提供模拟对象的活动过程，而不能直接产生模拟对象的最优成果，这是它的一个缺点，在应用时，应与数学优选法相结合确定最优解。此外，模拟技术很难使用现有的模拟模型，程序设计的工作量比较大，模拟运转时间也较长。

2) 优化方法。优化方法是使用一个包括目标函数和约束方程的简化数学模型，直接求解最优决策。在水库群防洪联合调度研究中，常采用的优化方法有线性规划法、动态规划法、非线性规划法、随机规划法、多目标决策技术、大系统分解协调法等。

2. 水库群防洪联合调度的一般规则

(1) 当不考虑水文预报时，可根据干、支流洪水的涨落趋势、水库蓄水趋势及各水库的位置与大小来决定。若各水库的洪水有一定同步性，为便于控制区间洪水，应采取上游水库"先蓄后放"，而下游水库"先放后蓄"的"后错方式"，即上游水库在洪水开始后先蓄洪，下游水库先放水，等区间洪峰过后，再泄放上游水库所蓄洪水，以达到减小下游水库最大泄量、保证下游防洪安全的目的；若洪水同步性较差，则应根据对洪水地区组成与时间分配、水库位置和大小等因素的综合分析进行防洪联合补偿调度。如处于暴雨中心区上游的水库应发挥最大蓄洪滞洪作用，尽量减少下泄流量，等其下游暴雨洪水过后，再逐渐放水，而处于暴雨中心下游或邻近的水库，则应在确保本身安全的前提下，根据全流域防洪需要，适当蓄泄。

(2) 当考虑水文预报时，上、下游水库都采取根据预报调度的"前错方式"，即在洪峰来到之前水库提前泄放，腾空部分库容，以便当区间出现洪峰时水库能闭闸错峰，减少最大下泄流量，保证防洪安全。在调度中需贯彻"大水多放，小水少放"的原则，充分发挥水库综合效益。

第三节　水库综合利用调度

一、防洪与兴利结合水利水电系统调度

担负有下游防洪任务和兴利（发电、灌溉等）任务的水库，调度的原则是在确保大坝安全的前提下，用防洪库容来优先满足下游防洪要求，并充分发挥兴利效益。

防洪库容与兴利库容部分重叠，防洪与发电之间的矛盾：防洪要求水库水位比较低，以保证足够富余的库容，发电要求水库水位比较高，以提高发电水头，增加发电量。在枯水期，防洪任务不大，主要考虑发电的要求；在汛期，尤其是当有下游防洪任务时，水电

站水库的防洪调度与发电调度之间有明显的矛盾。解决矛盾的方法是在分析掌握径流规律的基础上,正确处理防洪与发电的关系,在确保水库防洪安全的基础上增加发电量,在这一原则指导下,拟定防洪与兴利结合的运行方案。

兼有防洪和兴利任务的水库,防洪库容和兴利库容结合的形式,常见的有以下三种:

(1) 防洪库容与兴利库容完全分开,这种形式即防洪限制水位和正常蓄水位重合,防洪库容位于兴利库容之上。

(2) 防洪库容与兴利库容部分重叠,这种形式即防洪限制水位在正常蓄水位和死水位之间,防洪高水位在正常蓄水位之上。

(3) 防洪库容与兴利库容完全结合,这种形式中最常见的是防洪库容和兴利库容全部重叠的情况,即防洪高水位与正常蓄水位相同,防洪限制水位与死水位相同。

三种形式中的第一种形式,由于全年都预留有满足防洪要求的防洪库容,防洪调度并不干扰兴利的蓄水时间和蓄水方式,因而水库调度简便、安全,但其缺点是由于汛期水位往往低于正常蓄水位,实际运行水位与正常蓄水位之间的库容可用于防洪,因而专设防洪库容并未得到充分利用,所以这种形式只在洪水形成没有明显规律,流域面积较小的山区河流水库,或者是因条件限制,泄洪设备无闸门控制的中、小型水库才采用。至于后两种形式,都是在汛期才留有足够的防洪库容,并且都有防洪与兴利共用的库容,正好弥补了第一种形式的不足,但也正是因为有共用库容,所以需要研究同时满足防洪与兴利要求的调度问题。

二、水库生态环境调度

生态环境调度是通过调整水库的调度方式从而减轻筑坝对生态环境的负面影响,可分为环境调度和生态调度。环境调度以改善水质为主要目标,生态调度以水库工程建设运行的生态补偿为主要目标,两者相互联系并各有侧重。以改善水质为重点的环境调度是指水库在保证工程和防洪安全的前提下多蓄水,增加流域水资源供给量,保持河流生态与环境需水量,通过湖库联合调度,为污染物稀释、自净创造有利的水文、水力条件,从而改善区域水体环境。以生态补偿为重点的生态调度是指针对水库工程对水陆生态系统、生物群落的不利影响,并根据河流及湖泊水文特征变化的生物学作用,通过河流水文过程频率与时间的调整来减轻水库工程对生态系统的胁迫。

生态和环境用水调度应遵循保护生态和环境的原则,根据工程影响范围内生态和环境用水的要求,制定合理的调度方式和相应的控制条件。当库区上游或周边污染源对水库水体净化能力影响大时,应结合对库水位的变化与水体自净能力和纳污能力的分析成果,提出减少污染源进入水库的措施并制订相应的水位控制方案,以使水库水体达到满足生态和环境要求的水质标准。当水库下游河道有水生、陆生生物对最小流量的要求时,在调度设计中应充分考虑并尽可能满足,确实难以满足的应采取补救措施;当水库下游河道有维持生态或净化河道水质、城镇生活用水的基本流量要求时,在调度中应予以保证。

修建水库无疑会产生巨大的经济效益和社会效益,但也会对周围环境产生相当大的影响,这些影响中有的是积极的,有的却是消极的。例如,库区遗留的无机物残渣增加了库水的混浊度,影响到光在水中的正常透射,从而打乱了水下无脊椎动物的索饵过程,破坏了原有的生态平衡。库区原有地面植被和土中有机物淹没后在水中分解消耗了水中的溶解氧，而水库深层水中的溶解氧又不易补充，因此水库深层泄放的水可造成下游若干千米以内水生生物的死亡。库容大、调节程度高的水库，水库水温呈分层型结构，深层温度和溶解氧都较低，显著缩小了鱼类的活动范围。所有这些消极的影响，有的必须通过工程措施才能解决，有的则可以通过改变水库调度方式来改善或消除。例如，为了改善下游河道水质，可以在查清控制河段污染的临界时期的基础上，在临界时期内改变水库的供水方式与供水量，使泄量增加以利于下游稀释和冲污自净。为了解决水库水温结构带来的影响，可以采取分层取水的措施，在下游用水对水温有要求时，通过分层引水口引水来满足。

三、其他要求下的水利水电系统调度

1. **防洪调沙的水库调度**

调水调沙要妥善解决与防洪、发电等其他综合利用的关系。调水调沙的泥沙调度一般分为两个大的时期：一是水库运用初期的拦沙和调水调沙的运用时期；二是水库拦沙完成后的蓄清排浑调水调沙的正常运用时期。在水库运用初期的拦沙和调水调沙运用时期，应保障水库下游水道减淤对水库运用和控制库区淤积形态和综合利用库容的要求，并统筹兼顾灌溉、发电等其他综合利用效益等因素。在水库拦沙完成后的蓄清排浑调水调沙的正常运用时期，要重点考虑保持长期有效库容和水库下游河道继续减淤两方面的要求，并统筹兼顾灌溉、发电等其他综合利用效益等因素。要重点研究水库蓄清排浑调水调沙运用的泥沙调度指标和方式，保持水库长期有效库容以发挥水库的综合利用效益。

2. **工业及城市供水的水库调度**

工业及城市供水的显著特点就是对保证率要求很高，一般要求在95%以上（年保证率），有的甚至高达98%、99%，故不少以供水为主要任务的水库为多年调节水库。以供水为主要任务的水库调度图，与灌溉水库类似，即其主要目的是划分正常供水、降低供水与加大供水（如果有其他任务，而加大供水又有一定的效益的话）的界限。

航运的水库调度：航运调度设计应包括以下主要内容：拟定水库的通航水位与通航流量，提出对水库水位运用和水库泄流的控制要求，分析水库建成后泥沙冲淤对水库上、下游航道的影响，必要时提出合理解决航道冲淤问题的水库调度方式。航运调度方式包括固定下泄调度方式和变动下泄调度方式。航运保证率范围内的水库下泄流量应不小于最小通航流量，不大于最大通航流量。对库尾航道的淤积问题，解决是比较困难的，只有逐步摸索出规律，找到在哪些库水位及其他条件情况下容易淤积，哪些情况下很少产生淤积，然后根据航道的重要性拟定相应的调度措施，使水库尽可能少地在会促使航道淤积的情况下运行。

思 考 题

1. 水库兴利调度的原则是什么？
2. 什么是调节周期？根据调节周期的长短，发电调度一般分为哪些类型？
3. 年调节水电站水库基本调度线是如何绘制的？

思 考 题

4. 多年调节水电站水库基本调度线是如何绘制的？
5. 水库灌溉调度的基本原则有哪些？
6. 防洪工程措施有哪些？
7. 防洪调度图的绘制方法是什么？
8. 防洪调度方式如何拟定？
9. 水库群防洪联合调度的方法有哪些？
10. 水库综合利用调度有哪些内容？

第六章 水库优化调度模型

第一节 水库优化调度基本概念

水库常规调度方法是利用调度图来指导水库的运行,简单直观,具有一定的可靠性。但是,常规调度方法还面临着一些问题,比如:①常规调度方法具有一定的经验性,因而其调度结果一般只是合理解而不是最优解;②调度图绘制时的实测资料系列可能较难获取,或者代表性不够理想;③使用调度图时往往不考虑短期或中长期预报,即使考虑本时段的预报来水量,来按某些水库调度判别式进行调度,所得结果往往只是局部最优解而非全周期最优解。至于满足各种约束条件、考虑不同的最优准则、适应当时来水用水和水库情况的变化、进行库群和水利系统的联合调度等方面,常规调度都存在着不足之处。因此,需要应用系统分析的方法,来研究水库和库群的优化调度。也就是说,可以将单一目标水库或综合利用水库以至库群看成一个系统,运用系统工程中的某些优化方法,以电子计算机为运算手段,来研究水库优化调度问题。

一、水库优化调度基本内容

用时历法绘制的水库调度图进行水库调度是生产单位普遍采用的水库调度方法,其优点是以实测资料为依据,概念清晰、使用方便,具有一定的客观性和可靠性。但是,使用水库调度图进行调度时,往往只考虑水库的水位情况而不考虑来水的丰枯。实际上各年来水变化很大,如不能针对面临时段变化的来水流量进行水库调度,则很难充分利用水能资源,达到最优调度以获取最大的效益。另外,水库在实际运行期间,各综合需水部门对水库的要求,也并非固定不变,依前述方法作出的调度方案,并非最优调度方案。因此,在水库实际运用过程中,应该考虑某一具体时刻水库来水情况和用水特点,使水库的综合效益最大,即研究优化调度问题。

可见,水库优化调度的基本内容是根据水库的入流过程,遵照优化调度准则,运用最优化方法,寻求比较理想的水库调度方案,使发电、防洪、灌溉、供水等各部门在整个分析期内的总效益最大。

二、系统分析理论

1. 系统

系统是指具有相互联系和相互作用关系,在完成特定功能上相互制约和相互影响的若干元素所组成的有机整体。作为一个完整的系统,应具有以下几个重要特征:

(1)整体性。系统是为完成一定的任务而形成的统一体,所以宏观上看是一个整体,为实现其作用而建立。构成系统的各元素虽然具有不同的性能,但它们不是简单的集合,而是统一成为良好功能的整体。

(2) 相关性。组成一个系统的各个元素应相互联系、相互作用，从个体看他们是分开的，从整体上看他们密不可分，相互协调，共同为发挥系统的功能而工作。

(3) 目的性。组成系统的目的是完成特定的任务，有任务才有系统存在的必要，所以系统不能离开目的任务而存在。

(4) 环境适应性。那些具有相互关系的基本单元所构成的统一体的内部就属于系统，而与之有相互作用的其他部分就是环境。一个系统必然要与外部环境产生物质、能量和信息方面的交换，必须要适应环境的变化。

2. 系统的组成

系统一般由输入、转换和输出三个部分组成。系统需要在特定环境下对输入成分进行处理加工，使它满足一定的目的而变为输出成分。系统工作的约束条件就是所谓的系统环境，所以系统又可以理解为一个把输入转换为输出的转换机构。

3. 系统分析

系统分析就是从系统的全局出发，统筹考虑系统内各个组成部分的相互制约关系，力求将复杂的生产问题和社会现象，用物理方法和数学语言来描述，按照拟定的目标准则，通过模拟技术和最优化方法，从多种方案比较中识别和选择最优方案。

系统分析是一种有目的、有步骤地探索和分析问题的方法，它以系统为研究对象，收集、分析和处理有关的数据、资料，运用科学的分析工具和方法，建立若干比较方案或必要的模型，测算系统效益，从而得到优化的结果。

系统分析一般包括以下几个阶段：明确问题的内容与边界，确定系统的目标；建立系统的数学模型；运用最优化理论和方法对数学模型求解；进行系统评价确定最优系统方案。

运用系统工程的观点和方法来研究水库调度，就是要在水库枢纽工程参数已定的条件下，确定完成任务最多、或发挥作用最大而不利影响最小的优化操作。当把水库或库群看成一个系统，则水库及有关建筑物和设备就是系统的组成要素；入库径流就是输入；防洪、发电和灌溉等综合效益就是输出；库容大小、水位变幅、水电站装机容量和下游防洪要求等限制就是环境。当把水库或水库群系统的各要素和输入输出等通过一定的简化或某些假定后，可用数学形式描述表达，就可以得到水库调度的数学模型，进而可采用最优化方法对数学模型求解得到最优调度方案。因此，研究水库的最优化调度，需要研究入库径流以便拟定输入；需要构建数学模型；需要探讨最优化的求解方法。

三、径流描述

径流过程是一种连续的随机过程，在时程变化上存在明显的不重复性和随机性，但每年径流的丰枯变化又有周期性，在地区上还有一定的区域性规律。为了全面而准确地反映径流规律，常用以下三种方法进行描述：

(1) 确定型描述。即对应于某一确定时刻的径流是一个确定值，包括实测或人工生成的径流系列或某些典型过程。比如用于调节计算和调度运用的实测径流过程，按洪峰控制或按一定时段洪量控制、用同倍比方法或同频率方法放大得到的设计洪水过程，由降雨径流预报而得到的入库洪水过程等,都是确定型描述。

(2) 概率型描述。即以径流相互独立的频率分布曲线或条件频率曲线的形式来描述,前者是将径流的实测系列看作是一维独立的随机变量序列,用频率分布曲线来表示分布规律。后者考虑年径流之间或月径流之间的相互关系,用一组条件概率曲线来表示其分布规律和相互关系。

(3) 随机序列模型。即利用概率理论与方法来揭示和描述径流的随机变化规律,这是基于随机过程理论基础的一种径流描述方法。一般考虑各时段径流间的自相关和各站间的互相关关系,常用的有自回归模型、滑动平均模型等。

四、数学模型

数学模型是指为了某种目的,用字母、数字及其他数学符号建立起来的等式或不等式以及图表、图像、框图等描述客观事物的特征及其内在联系的数学结构表达式。为进行水利水电工程优化调度而建立的数学模型,通常是由最优准则与目标函数、约束条件两部分组成。

1. **最优准则与目标函数**

最优准则是指衡量水库运行方式是否达到最优的标准。对于单目标或以某一目标为主的水库,最优准则较为简单:如以发电为主的水库,可以是在满足其他部门用水要求的前提下,电力系统计算支出最小或电力系统耗水量最小或系统发电量最多等。对于以防洪为主的水库,可以是在满足其他综合利用要求下,削减洪峰后的下泄流量最小或超过安全泄量的加权历时最短等。对于多目标水库或复杂的水利系统,则应以综合性指标最优,以国民经济效益最大或国民经济费用最小等。

水利水电工程优化调度目标函数的具体形式依据所拟定的最优化准则而定。例如,对于以防洪为单一目标的水库,为了减免下游防洪地区的洪水灾害,最优准则可归纳为三种形式:最大削峰准则、最短成灾历时准则、最小洪灾损失或最小防洪费用准则。以最大削峰为例,在入库洪水、区间洪水、防洪库容、下游允许泄量和溢洪道泄洪能力等均为已知的情况下,按最大削峰准则操作,就是要在蓄满防洪库容的条件下尽量使下泄流量均匀。数学上可以证明,下泄流量尽量均匀等价于下泄流量的平方和最小。则水库优化调度的目标函数可写作:

$$\text{无区间洪水时} \quad z = \min \int_{t_0}^{t_D} q^2(t) \mathrm{d}t \tag{6-1}$$

$$\text{有区间洪水时} \quad z = \min \int_{t_0}^{t_D} [q(t) + q_{区}(t)]^2 \mathrm{d}t \tag{6-2}$$

式中:t_0、t_D 分别为超过下游安全泄量的洪水起止时间;$q(t)$ 为待求的泄流过程;$q_{区}(t)$ 为区间洪水。

若水电系统以水电站群发电量最大为最优准则,则水库群优化调度的目标函数可以写成:

$$z = \max \sum_i \sum_t E_t^i \tag{6-3}$$

式中:E_t^i 为第 t 时段第 i 个水电站的发电量。

2. 约束条件

水库优化调度中的约束条件，一般包括水库运行中蓄水位的限制，水库泄水能力的限制，水电站装机容量的限制，水库及下游防洪要求的限制和水量与电量平衡的限制，以及调度时必须考虑的边界条件等，通常以数学函数方程表示，包括等式约束及不等式约束，组合成约束条件组。

水库优化调度的一般步骤是根据水库的入流过程，建立优化调度的数学模型，通过最优化方法，进行数学模型的求解，以寻求最优的控制运用方案。水库照此最优方案蓄泄运行，可使防洪、灌溉、发电等部门所构成的总体在整个计算周期内总的效益最大而不利影响最小。

五、最优化方法

常用的优化模型求解技术包括古典微分法、拉格朗日乘数法、变分法、数学规划法等。由于水库优化调度问题的求解实质上是一个多阶段决策过程，若将它划分为若干互相有联系的阶段，则在它的每一个阶段都需要做出决策，并且某一阶段的决策确定以后，常常不仅影响下一阶段的决策，而且影响整个过程的综合效果。各个阶段所确定的决策构成一个决策序列，通常称它为一个策略。各阶段可供选择的决策往往不止一个，因而就组合成了许多策略。因为不同的策略，其效果也不同，多阶段决策构成的优化问题，就是要在所提供选择的那些策略中，选出效果最佳的最优策略。

随着科学技术的发展，用于解决水库优化调度的数学方法越来越多，如线性规划法、非线性规划法、逐次逼近算法、网络分析法、动态规划法、神经网络模型法、大系统分解协调法、遗传算法、免疫粒子群算法等，其中应用较多的是线性规划法和动态规划法。线性规划法是在满足一组等式或不等式约束条件的情况下，解决一个对象的线性目标函数问题的最优化方法。动态规划法是解决多阶段决策过程的方法，概念和理论比较简单，方法灵活，常为人们所使用。

应该指出，国内外对于水库调度的研究和实践已经取得了很大的成绩，研究范围从单一水电站到梯级和跨流域水电站群，径流描述从确定型到随机型，各种优化理论和优化调度模型也在不断发展中，形成了一些较为成熟的方法，在生产中也得到了一定的应用。但是由于水电站水库调度系统涉及自然界、社会等方面，具有不确定性、复杂性、多样性和综合性，调度过程中往往趋于保守，不能充分利用水资源。因此，要提高水库调度可靠性、经济性，就要降低水库调度中的不确定性。

第二节 水库发电优化调度

一、单一水库发电优化调度

发电是水电站的基本功能，也是创造经济收益的基本手段。水库的发电优化调度，就是通过控制水库的蓄泄利用方式，使其在满足防洪安全、生产生活用水等前提下，充分利用水能资源，开发水能潜力，取得尽可能大的经济效益。随着水利水电建设事业的发展，单一水库运行情况愈趋减少。为了说明水库调度的基本方法，需要从最简单的单一水库入手，进而引申到水库群的联合调度。

水库群系统参与电网统一供电与管理已逐渐成为水利水电工程管理的常见形式，因此水利水电工程调度研究的重点是水库群的联合调度，但研究单一水库的优化调度问题仍有其特定的意义，主要表现为：

(1) 在河流开发初期，单个或少量水电站建设完成，地区性水库群及完善的电网尚未形成，水电站孤立运行，形成单库调度问题。

(2) 从系统组成来看，单一水库是组成库群的基本单元，单库调度在很大程度上是库群调度的基础。

因此，先研究单一水库电站的优化调度不仅有其实际价值，而且可从中学习水库电站优化调度的理论、方法和解决问题的途径，并将其应用到水库群的优化调度中。

现以年调节水利水电工程为例研究其水库的优化调度。设自蓄水期初到供水期末，一个完整的调节期为一年，可将其划分为 T 个时段，用 i 表示阶段变量（$i=1,2,\cdots,T$，其中 T 一般按月划分，取 12），则各时段的预报径流为 Q_i，水库各时段的下泄流量为 q_i。

1. 目标函数

从经济效益而言，水库长期运行最常用的最优准则是调节期内发电量最多，即

$$\max \sum_{i=1}^{T} E_i \tag{6-4}$$

式中：E_i 为第 i 个时段的发电量。

若 N_i 为第 i 个时段的出力，则 $E_i = N_i t_i$，各时段长 t_i 相等，则调节期内发电量最大，等价于调节期内出力最大，即

$$\max \sum_{i=1}^{T} N_i = \max \sum_{i=1}^{T} K q_i \overline{H_i} \tag{6-5}$$

式中：K 为出力系数，大中型水电站 $K=8.0\sim8.5$，中小型水电站 $K=6.5\sim8.0$；q_i 为第 i 个时段的发电引用流量；$\overline{H_i}$ 为第 i 个时段的发电平均水头。

2. 约束条件

水库发电的约束条件一般有以下几个方面：

(1) 水库库容限制：

$$V_{\min} \leqslant V_i \leqslant V_{\max} (i=1,2,\cdots,T) \tag{6-6}$$

式中：$V_{\min}$、$V_{\max}$ 分别为第 i 个时段水库允许蓄水的最小和最大库容。

例如，$V_{\min}$ 为死水位相应的库容，$V_{\max}$ 在非汛期是正常蓄水位库容，在汛期则是防洪限制水位相应的库容。

(2) 水电站机组容量的限制：

$$N_{\min} \leqslant N_i \leqslant N_{\max} (i=1,2,\cdots,T) \tag{6-7}$$

式中：$N_{\min}$、$N_{\max}$ 分别为第 i 个时段水电站的最小和最大出力，可分别取保证出力和装机容量为最小和最大的出力限制。

(3) 下泄流量约束：

$$q_{\min} \leqslant q_i \leqslant q_{\max} (i=1,2,\cdots,T) \tag{6-8}$$

式中：q_{min}、q_{max} 分别为第 i 个时段水电站的最小和最大下泄流量。

对于有通航要求的河段，可分别取下游航运用水要求和水轮机最大过水能力为最小和最大下泄流量。对于有生态要求的河道，可以取最小河道生态基流量作为最小下泄流量。

（4）水量平衡方程：
$$V_i = V_{i-1} + (Q_i - q_i)t_i \quad (i=1,2,\cdots,T) \tag{6-9}$$

式中：V_{i-1}、V_i 分别为第 $i-1$ 个时段和第 i 个时段末的库容，也即第 i 个时段的初、末库容；Q_i、q_i 分别为第 i 个时段的入库、出库流量。

（5）非负条件约束：
$$q_i \geq 0 (i=1,2,\cdots,T) \tag{6-10}$$

3. 数学模型

由以上的目标函数和约束条件即组成单一水库优化调度的数学模型，即

$$\left. \begin{aligned} \text{obj} \quad & \max \sum_{i=1}^{T} Kq_i \overline{H_i} \\ & V_{min} \leq V_i \leq V_{max} \\ & N_{min} \leq N_i \leq N_{max} \\ \text{s.t.} \quad & q_{min} \leq q_i \leq q_{max} \\ & V_i = V_{i-1} + (Q_i - q_i)t_i \\ & q_i \geq 0 \end{aligned} \right\} (i=1,2,\cdots,T) \tag{6-11}$$

这是一个非线性规划模型，可用动态规划方法进行求解。

水库的优化调度，其完整的概念应当包括水量、水能、水质和库容的最优利用。为单一目标服务的单一水库，优化调度研究的途径主要是通过建立调度过程的数学模型来进行。根据径流描述的方法，水库调度的数学模型又分为确定性模型和随机性模型。在随机性模型中，径流是以统计值或概率分布的形式给出的（对应概率型描述），而在确定性模型中，径流是作为确定值而被输入的（对应确定性描述）。

二、水库群发电优化调度

在河流的干支流上布置的一系列能互相协作、共同调节径流的水库称为水库群。水库群中各水库对应的多个水电站可以共同为同一电网担负供电任务。

组成水库群的各库，其水文径流情况和调节性能不同，因此当联合工作时有可能进行各库间的补偿调节，这种相互补偿可以显著提高水库群总的保证出力。水库群建成后在正常运行中运行优化调度技术，不但可以提高全水库群的水量利用效益，而且还可提高水头利用效益和供电质量。

研究水库群优化调度，建立数学模型也必须先确定最优准则，水库群发电的最优准则一般有三种形式：①水库群调节期内总电能最大；②满足负荷要求的情况下水库群总耗水最少；③水库群总不蓄电能损失最小。下面以调节期内总电能最大作为优化准则为例，建立数学模型。

1. 目标函数

以串联调节水库为例，假设电网中有两座梯级电站，如图 6-1 所示。将调节期划分

为 T 个相等时段，记作：Δt_1，Δt_2，$\cdots$，Δt_T。两水库的上游区间来水按时段分别记作 $\{Q_1^1, Q_2^1, \cdots, Q_T^1\}$，$\{Q_1^2, Q_2^2, \cdots, Q_T^2\}$，其中上标为水库序号，下标为当前时段序号，调节期初、末的水库库容分别为 V_0^1，V_T^1，V_0^2，V_T^2，则水库在调节期内的发电量分别为 $\sum N_i^1 \Delta t_i$，$\sum N_i^2 \Delta t_i$，要求总电能最大，则目标函数为

$$\text{obj max} \sum_{i=1}^{T}(N_i^1+N_i^2)\Delta t_i \text{ 或 } \max\sum_{i=1}^{T}(N_i^1+N_i^2) \quad (6-12)$$

2. 约束条件

(1) 库容条件：

$$V_{i,\min}^j \leqslant V_i^j \leqslant V_{i,\max}^j \quad (j=1,2; i=1,2,\cdots,T) \quad (6-13)$$

(2) 出力约束：

$$N_{i,\min}^j \leqslant N_i^j \leqslant N_{i,\max}^j \quad (j=1,2; i=1,2,\cdots,T) \quad (6-14)$$

(3) 流量约束：

$$q_{i,\min}^j \leqslant q_i^j \leqslant q_{i,\max}^j \quad (6-15)$$

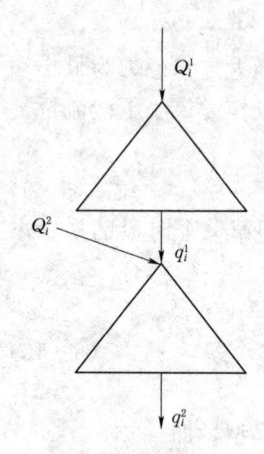

图 6-1 梯级水库

(4) 水量平衡条件：

水库 1：$V_i^1 = V_{i-1}^1 + (Q_i^1 - q_i^1)\Delta t_i \quad (i=1,2,\cdots,T)$ (6-16)

水库 2：$V_i^2 = V_{i-1}^2 + (Q_i^2 + q_i^1 - q_i^2)\Delta t_i \quad (i=1,2,\cdots,T)$ (6-17)

(5) 非负条件约束：

$$q_i^j \geqslant 0 \quad (j=1,2; i=1,2,\cdots,T) \quad (6-18)$$

以上各式中：$V_{i,\min}^j$、$V_{i,\max}^j$ 分别为 j 水库在 i 时段内允许的最小和最大库容；$N_{i\min}^j$、$N_{i\max}^j$ 分别为 j 水库在 i 时段内允许的最小和最大出力；$q_{i,\min}^j$、$q_{i,\max}^j$ 分别为 j 水库在 i 时段内允许的最小和最大泄流流量。

将以上各式综合在一起，即可得到串联水库的数学模型。对于并联水库，只需要对水量平衡条件方程适当修改即可得出。

第三节 水库防洪优化调度

对于水利水电工程防洪系统的调度，上一章已介绍过其常规方法，它具有简单直观的优点，计算结果一般能满足调度原则；但它不能灵活而有效地适应各种限制条件及水情与工程具体情况的变化，为了弥补这个缺点，本节介绍防洪系统的优化调度。与发电优化调度相似，防洪优化调度也需要建立适当的数学模型，通过动态规划等数学方法求解，以达到防洪效益最大的目的。

一、单一水库的防洪优化调度

1. 确定目标函数

根据优化准则建立相应的数学模型，确定目标函数。制定防洪系统的调度方案时，必须先确定优化准则，进而建立目标函数的表达式。根据不同的防洪准则，优化调度的目标函数叙述如下。

第三节 水库防洪优化调度

（1）最大削峰准则，即以水库的下泄洪峰流量最小为判别标准，其目标函数可表示为

$$\text{obj min}\{q_m\} = \min \sum_{i=1}^{T} [q_i + Q_i^q]^2 \Delta t_i \quad (j=1,2; i=1,2,\cdots,T) \tag{6-19}$$

式中：q_m 为最大下泄流量；q_i 为第 i 时段的下泄流量；Q_i^q 为区间洪水流量；T 为成灾时期的时段数；i 为时段序号；Δt_i 为时段内的时长。

（2）最短成灾历时准则，即洪水调度时成灾历时最短，控制灾难带来的损失，其目标函数可表示为

$$\text{obj min}\{T_m\} = \min \sum_{i=1}^{T} [q_i + Q_i^q - q_{安}]^2 \Delta t_i \tag{6-20}$$

式中：$q_{安}$ 为下游控制点安全下泄流量；T 为成灾历时内（即 $q_i + Q_i > q_{安}$ 时间内）划分的时段数；其他符号意义同前。

2. 约束条件

防洪系统的各个组成部分相互联系，协调工作，水库泄洪与河道行洪既有其物理的连续关系，又有区间水文条件的制约关系，他们之间的各种关联构成了防洪系统运行的种种约束。

（1）防洪库容约束：

$$\sum_{i=1}^{T}(Q_i - q_i)\Delta t \leqslant V_{防} \tag{6-21}$$

（2）水库泄洪能力约束：

$$q_i \leqslant q(Z_i, B_i) \tag{6-22}$$

（3）下游防洪安全约束：

$$q_i + Q_i \leqslant \min(q_{安}, q_{汛限}) \tag{6-23}$$

（4）水量平衡约束：

$$V_i = V_{i-1} + (Q_i^q - q_i)\Delta t_i \tag{6-24}$$

（5）非负条件约束：

$$q_i \geqslant 0 \tag{6-25}$$

以上各式中：Q_i 为第 i 个时段的区间来水量；q_i 为第 i 个时段的下泄流量；$V_{防}$ 为水库的防洪库容；Z_i 为第 i 时段初始时刻的蓄水位；B_i 为第 i 个时段溢洪道宽度；$q(Z_i, B_i)$ 为第 i 个时段的最大下泄能力；$q_{安}$ 为下游安全泄量；$q_{汛限}$ 为汛期限制流量；V_i 为第 i 个时段水库库容。

二、水库群系统防洪优化调度

随着水利水电事业的迅速发展，在某防洪区域修建单一水库进行独立调控已经不能满足水资源综合利用的要求；梯级、并联和混联等水库群合作形式的日趋成熟，使得水资源配置得到优化，也提高了系统对不同防洪要求的适应性和区域防洪的安全性。根据不同的防洪准则，水库群系统防洪优化调度的目标函数也有不同。

1. 最大削峰准则

对于 N 个串联水库组成的水库群系统：

$$\min\{q_m\} = \min \sum_{i=1}^{T} \left(\sum_{j=1}^{N} q_{i,j}^2 \right) \Delta t_i \tag{6-26}$$

对于 N 个并联水库组成的水库群系统：

$$\min\{q_m\} = \min \sum_{i=1}^{T} \left[\sum_{j=1}^{N} q_{i,j}^2 + \left(\sum_{j=1}^{N} q_{i,j} \right)^2 \right] \Delta t_i \tag{6-27}$$

式中：$q_{i,j}$ 为水库 j 在第 i 个时段的下泄流量；q_m 为最大下泄流量；Δt_i 为时段时长。

2. 最大安全保证准则

当水库群由 N 个单独的水库构成时，有

$$\max\left\{ \sum_{j=1}^{N} \alpha_j V_{i+1,j} \right\} = \max\left\{ \sum_{j=1}^{N} \alpha_j [V_{i,j} + (Q_{i,j} - q_{i,j})\Delta t_i] \right\} \tag{6-28}$$

式中：$V_{i,j}$ 为水库 j 在第 i 时段初的库容；α_j 为水库 j 的防洪权重系数；$Q_{i,j}$、$q_{i,j}$ 分别为水库 j 在第 i 个时段的入库流量和下泄流量；Δt_i 为时段时长。

水库群防洪系统各水库的约束条件与单一水库基本一样，对下游水库而言，其水量平衡约束应是 $V_{i,j} = V_{i-1,j} + (Q_{i,j} + q_{i,j-1} - q_{i,j})\Delta t_i$，其余约束条件可以套用。

在确定数学模型与约束条件的情况下，建立相应的递推方程式，通过计算可得到水库防洪系统优化调度过程。

思 考 题

1. 优化调度与常规调度的区别是什么？
2. 简述优化调度基本内容。
3. 一个数学模型由哪几个部分组成？如何建立水库优化调度模型？
4. 目前水库优化调度常用方法有哪些？
5. 径流描述有几种方法？具体是什么？
6. 防洪和发电调度各有哪些优化准则和模型？它们各有何特点？
7. 单一水库优化调度和水库群优化调度有哪些不同之处？

第七章 水库优化调度求解算法

第一节 常用水库优化调度求解算法

水库优化调度涉及多个目标、多个约束且基本全为非线性，是一个复杂的动态控制问题。

在水库优化调度领域应用较多的传统方法包括线性规划方法、非线性规划方法、动态规划法、大系统法、网络分析法等；概率模型则主要考虑事件的随机性与概率问题，主要有排队论、马尔可夫决策过程等。此外，大系统理论、决策分析、模糊理论等也有所使用。

一、传统方法

1. 线性规划（Linear Programming，LP）

该方法由苏联的康托罗维奇首次提出，从1939年发展至今，理论体系已经相当成熟。在水资源领域中，应用也较多。它是一种静态过程，在解决维度较高的问题时尤为适用。

线性规划方法必须满足目标和约束的关系均是线性关系的要求，但是实际工程研究中遇到的大都是非线性关系，因此通常需要对其进行线性化处理，这对建立的模型有一定不利影响，模型无法准确地描述实际问题，得到的结果合理性也会受到影响。

2. 非线性规划（Non-Linear Programming，NLP）

非线性规划最大的特点就是它的优化目标和约束条件都是非线性的，这也是它与线性规划的根本区别，对于线性规划不能准确表达实际调度的缺点有了一定的改善，在处理遇到的非线性关系时，该方法具有更好的适用性，能够比较好地处理非线性约束。它的基本原理是排列组合，也就是说，一旦变量增加，组合数将迅速扩大，计算量随之大大增加，因此该方法的缺点就是无法很好地对高维问题进行求解。

同时非线性关系的复杂性造成了求解时的困难和计算量的增加，并且非线性规划方法没有可以通用的求解方法，需要根据实际情况采用合适的方法，通常需要与其他优化方法联合使用，因此在水库调度中的应用有一定限制。

3. 动态规划（Dynamic Programming，DP）

动态规划在优化问题上应用非常广泛，尤其是在水库优化调度方面研究得比较完善。它将一个复杂的过程分解成单个步骤中的优化问题，再结合各个步骤和阶段之间的联系，一个一个地进行求解。该方法对于最优化问题具有较好的适应性，在一般情况下基本都可以使用，只需要满足最优化的原理和没有后效性的条件即可。动态规划应用于梯级水库群联合调度时，级数和决策变量离散点数的增加会造成"维数灾"问题，因此它仅适用于维度较低的优化问题。经过研究，逐渐提出了一些动态规划的改进方法，如逐次渐进（DP-

SA)、离散微分（DDDP）、逐次优化（POA）等。下面对 DDDP 和 POA 进行简单介绍。

离散微分动态规划方法（DDDP）的原理如下：

首先根据经验或者其他求解方法得到一个尽可能优化的解，然后运用动态规划在该解的附近继续寻优，寻找到一个优化解后再以其为初始点，继续使用动态规划，再次寻优，多次重复这个过程直到得到满足精度要求的解为止。这是一个逐次逼近的过程。这个方法减少了计算过程中的点数，因此所使用的空间减少，计算速度随之增加，效率大大提高。但是同时，也有不足之处，它的初始解的选取规则并不完善，并且最终求得的最优解不一定就是全局最优解。这个问题可以通过初始解的试算来解决。

逐步优化算法（POA）的原理如下：

它将整体问题划分开来，变成一个个便于求解的小问题，对每个小问题进行求解，所得的结果作为下个小问题的初始条件，逐个阶段进行优化决策，循环重复直至最终得到满足要求的解。该方法对动态规划中的"维数灾"问题进行了有效的优化，并且计算过程中不需要对状态变量进行离散，精度较高。与 DDDP 相同的缺点是它的初始解的选取规则并不完善，并且最终求得的最优解不一定就是全局最优解。

4. 网络分析法（Network Analysis，NA）

网络分析法由层次分析法（Analytic Hierarchy Process，AHP）发展而来，具有层次结构，逐级递进，是一种非独立的决策方法。

网络分析法在动态规划的基础上，融入图论中的理论和算法，如最短路径等，这些新增的理论方法使得网络分析法具备较强的适用性。对于水库群系统而言，它可以表示为图，在概化与模拟时可以形成具有联系和指标的网络图，很多线性规划的模型就能够转化为这种网络图。它的结构简单明了，大大增加了计算速度，缩短了计算时间，所需要的存储空间也比较少。该方法在水库优化调度领域的运用已经取得部分成果。

但是现有的网络分析法还没有一个统一的模式，需要根据研究的具体内容和实际情况进行分析，这加大了工作量、限制了其适用性。

5. 模拟算法（Simulation）

模拟算法适用于实际研究对象规模较大、影响因素多、非线性关系复杂的情况。它利用数学表达式来描述研究对象参数与变量之间的联系，结合计算机仿真系统技术，求得最优解。该方法不会出现模型过于简化、与实际不符合、得到的方案非最优甚至不合理的情况。

6. 大系统分解协调

大系统理论最初的研究始于 20 世纪 70 年代，它将复杂的大系统简化为简单的小系统，从而简化结构、方便求解。这是一个化整为零的过程，通过对小系统的优化，综合分析得到整个大系统的最优解。使用该方法求解水库调度问题时，由于各个小系统的变量和约束都比较少，求解较为简单。但值得注意的是，将整体分解成小系统的方法在转化时存在误差。这种误差较难规避。

二、智能优化算法

传统方法虽然原理较为简单，但在求解某些高维问题时，会面临求解效率低、花费时间长等问题。国内外学者在优化这些传统方法的同时，也将目光投向了智能优化算法。

第一节 常用水库优化调度求解算法

近年来，随着理论研究的深入和计算机性能的提高，智能优化算法得到了快速发展。这些智能优化算法可以在一定的时间内得到一个近似最优解的方案，规避了传统方法在某些问题中求解效率低的瑕疵。在水库优化问题中，遗传算法、人工神经网络、模拟退火算法、蚁群算法等智能优化算法较为常见，以下对这些方法进行介绍。

1. 遗传算法（Genetic Algorithm，GA）

GA 在水库调度研究中应用广泛。它与自然界中的生物进化类似，模拟自然选择的过程，通过自然选择的模拟，产生适应度更好的新种群。而后不断重复这个过程，得到最优解。

该方法的优点如下：

（1）遗传算法的运算对象是决策变量的编码，操作方便。

（2）遗传算法不需要传统算法所必需的可微条件，适应性广。

（3）遗传算法具有群体搜索的特性。遗传算法多初始点、多路径搜索寻优，可以有效地避免搜索一些不必要的点，并且极大概率能够得到全局最优解。

（4）遗传算法的搜索非常灵活，它涉及概率问题，且参数本身对于搜索效果没有决定性的影响。

（5）遗传算法能够很好地与其他方法共同使用，适应性强，易拓展。

缺点如下：

（1）早熟。这是最大的缺点，在搜索到全局最优解附近时，搜索速度显著变慢，这就是"早熟"。

（2）需要进行大量的运算。涉及大量个体的计算，当问题复杂时，计算时间过长、效率过低。

（3）处理维度低。还是难以很好地解决维数较高的问题。

2. 人工神经网络（Artificial Neural Network，ANN）

人工神经网络是许多神经元相互连接构成的，是一种非线性网络。根据其形式结构，可以分为前馈式、随机式等类型。

该方法优点是性能较好，计算速度极快。缺点是它的求解精度受到样本点的直接影响，适用性不高。

3. 模拟退火算法（Simulated Annealing Algorithm，SAA）

模拟退火算法是在局部搜索的基础上发展出来的，具有概率性地选择邻域中状态不好的目标函数。

该方法的优点在于能够更好地处理系统和函数，可以全局寻优找到最优解，算法简单。缺点是收敛速度很慢，无法准确判断最优解是否已经寻找到。

4. 蚁群算法（Ant Colony Algorithm，ACA）

蚁群算法具有并行性、运行速度快，具有求解效率高等优点，在求解组合优化问题中获得广泛的应用。缺点是运算量大，算法可能出现局部最优、种群多样性与收敛速度之间的矛盾。

5. 粒子群优化算法（Particle Swarm Optimization，PSO）

它的理论内涵与鸟群寻找食物的过程类似，模拟其行为，进行复杂系统的计算，与概率性原理有关且具备自适应性。

优点是计算速度快、效率高，且算法简单。缺点是易陷入局部最优，无法很好地处理离散问题。

几种常用的求解算法对比见表7-1。

表7-1　　　　　水库优化调度常用求解算法对比表

方法分类	方法名称	优　　点	缺　　点
传统算法	动态规划（DP）	对调度模型的目标函数和约束条件没有限制、简单易操作、收敛性好	随着求解水库数目的增加，容易发生"维数灾"
	逐步优化算法（POA）	提高了最优值精度、避免动态规划求解高维问题出现"维数灾"	效率受初始解影响较大
智能优化算法	遗传算法（GA）	鲁棒性强、全局搜索能力强	易早熟收敛、对初始种群敏感、控制参数选择缺乏标准
	蚁群算法（ACA）	搜索能力强、能够很好地实现并行处理	运算量大、所需时间长、初始信息素较少
	人工神经网络（ANN）	存储性能好、自适应、自组织、在线计算能力强	训练结果依赖输入的样本、适用性不高
	粒子群优化算法（PSO）	原理简单、操作方便、鲁棒性好	易陷入局部最优
算法集成		耦合多种算法，达到"取长补短"的效果	算法编程复杂，数学基础欠缺，不一定能组合成最优

第二节　动　态　规　划

一、动态规划基本原理

动态规划是解决多阶段决策过程中最优化问题的一种数学方法。将动态规划应用到水库调度时，径流过程被视为确定性数据，水库蓄水量被离散作为状态变量，泄水量被作为决策变量。使整个周期内目标函数值达到最大的每一时段的泄水量组成的策略就是最优调度方案。

在水库优化调度模型的众多求解方法中，动态规划以其对阶段性、非线性问题的有效处理而获得了广泛应用。但用动态规划求解相关问题时需要满足以下三个条件：

（1）多阶段决策过程中，能用阶段变量的变化来描述阶段的演变特征，状态转移或变化的效果取决于阶段决策变量的变化，同时满足下阶段的初状态就是前阶段的末状态。

（2）满足无后效性，即过去的状态与将来的决策无关，而仅与当前面临的状态有关。

（3）分段最优决策服从于全过程最优决策。

二、动态规划求解步骤

动态规划求解操作简单，准确性较高，是目前求解水库优化调度问题最为成功的方法。动态规划主要概念有：

（1）阶段与阶段变量。对于具有长期调节性能的梯级水库，可以将调节周期按某计算时段长度（如月、旬）划分为 T 个阶段，以 t 代表变量，则 $t=1, 2, \cdots, T$。相应的时刻 $t\sim t+1$ 为面临时段，时刻 $t+1\sim T$ 为余留时期。

（2）状态变量。描述多阶段决策过程演变过程所处状态的变量，称为状态变量。它能够描述过程的演变，而且满足无后效性要求。这里选用每个阶段的各水库水位 $Z(i, t)$ 为状态变量。$Z(i, t)$ 和 $Z(i, t+1)$ 分别为第 i 水库 t 时刻初、末的库水位，其中 $Z(i, t+1)$ 也表示第 i 水库 $t+1$ 时段的初始蓄水状态。

（3）决策变量。取下泄流量 $Q(i, t)$ 为决策变量，当第 i 水库时段 t 的初始状态 $Z(i, t)$ 给定后，如果作出某一决策 $Q(i, t)$，则时段初的状态将演变为时段末的状态 $Z(i, t+1)$。在优化调度中，决策变量 $Q(i, t)$ 的选取往往限制在某一范围内，此范围称为允许决策集合，有 $Q(i, t)\in[Q_{\min}(i, t), Q_{\max}(i, t)]$。

（4）列出状态转移方程，已知入库水量为 $I(i, t)$，通过水量平衡方程求出 $V(i, t)$ 和 $V(i, t+1)$，再由水位库容关系曲线得到 $Z(i, t)$ 和 $Z(i, t+1)$ 的关系式，即为状态转移方程：

$$V(i,t+1)=V(i,t)+I(i,t)-Q(i,t)\Delta t \tag{7-1}$$

$$Z(i,t+1)=f[Z(i,t)] \tag{7-2}$$

状态转移方程或系统方程，把多阶段决策过程中的 3 种变量，即阶段（时段）变量 t、状态变量 Z、决策变量 Q 三者相互联系了起来。对于确定性的决策过程，下一阶段状态完全由面临时段的状态和决策所决定。

（5）根据目标函数，建立梯级水库最优调度的递推方程。递推方程的具体形式与递推顺序和阶段变量的编号有关。

若逆序递推且阶段变量的序号与阶段初编号一致时，水电站水库最优调度问题的递推方程为

$$E_t^* = \max\left(\sum_{i=1}^M E_t + E_{t+1}^*\right) \tag{7-3}$$

若顺序递推（递推方向与状态转移方向一致）且阶段变量序号与阶段末编号一致时，有

$$E_t^* = \max\left(\sum_{i=1}^M E_t + E_{t-1}^*\right) \tag{7-4}$$

式中：$\sum_{i=1}^M E_t$ 为面临时段梯级水库发电量；E_{t+1}^* 为余留时期 ($t+1\sim T$) 最大发电量的累计值；E_{t-1}^* 为初始阶段到 $t-1$ 阶段最大发电量的累计值；E_t^* 为 $t\sim T$ 时期的总发电量的最大值。

（6）明确约束条件。水库电站在运行过程中应满足的各种限制条件，包括水位、出力、流量及保证率等。

采用动态规划方法求解水库优化调度模型的步骤可简述如下：

Step1：划分阶段并确定阶段变量。对具有调节性能的水库，一般将其调度期（一般为一年）按月或旬为时段划分为 T 个阶段，将其看成一个多阶段决策问题，以 t 代表阶段变量（$t=1\sim T$）。则 t 为面临时段，$t+1\sim T$ 为余留时期。

Step2：确定状态变量。一般选取水库蓄水量（或水位）为状态变量，记 V_{t-1} 为第 t 时段初的水库蓄水量，V_t 为第 t 时段末的水库蓄水量。因为每一时段末的蓄水量都是下一时段初的蓄水量，满足无后效性原则。

Step3：确定决策变量。一般取下泄流量 Q_t 为决策变量。

Step4：确定状态转移方程。即水量平衡方程 $V_t = V_{t-1} + (I_t - Q_t)\Delta t$。

Step5：确定阶段指标。即各阶段系统的出力 $N_t(V_{t-1}, Q_t)$，表示第 t 阶段在时段初状态为 V_{t-1} 和时段决策变量为 Q_t 时的出力。

Step6：确定最优值函数。即 $f_t^*(V_{t-1})$，表示从第 t 阶段初库容为 V_{t-1} 出发，到第 T 个时段的最优出力（发电量）之和。

建立模型之后就是具体的求解，动态规划模型的求解主要有两大步骤（逆推法）：

(1) 逆时序递推计算：根据逆时序递推方程，从最后一个阶段（阶段 T）出发向前逐时段递推至第一个阶段（阶段1），求出在满足相关约束条件下电站在整个调度期各时段发电量之和最大的逆时序过程，即求最优值 $\sum N_t^*$。

(2) 根据求出的最优值 $\sum N_t^*$ 确定最优策略 $\{Q_t\}$ 及相应各最优状态点值 $\{V_t\}$。

动态规划方法是一种全局搜索法，它把原问题转化成一系列结构相似且相对简单的子问题，再对所有子问题进行组合遍历寻优，其最大的优点在于可求出给定离散程度下的全局最优解，且不需要给定初始解。

第三节 遗 传 算 法

一、遗传算法基本原理与方法

遗传算法（Genetic Algorithm，GA）是求解水库优化调度问题最常用的算法之一，该算法以进化论和遗传理论为基础，通过优胜劣汰、基因变异和遗传等作用机制，在保证多样性的同时，实现个体适应度的提高。与系统分析方法不同，遗传算法基于全局随机寻优，从多个初始点开始，沿多路径搜索到全局最优解，由于求解过程具有隐含并行性，可以有效避免"维数灾"，适应性广。但遗传算法在接近全局最优时搜索速度会变慢，易产生"早熟"现象。

遗传算法的基本步骤如下：

(1) 编码。编码使得染色体概念与问题函数的可行解之间可以相互转换，染色体上每一位代表一个基因，可以表示为 $X=(x_1, x_2, \cdots, x_n)$，$1 \leqslant i \leqslant n$，$n$ 为染色体长度。

(2) 种群初始化。初始种群数目的选取一般在10～200之间选定，可根据实际情况调整。

(3) 适应度函数的设计。

(4) 遗传变异的实现。

(5) 控制参数的设定。控制参数主要包括：群体规模、交叉概率、变异概率等。交叉操作一般建议其取值范围是0.4～0.99；变异操作一般建议取值范围是0.0001～0.1。

当遗传算法应用于水库优化调度问题中时，先随机选取多组水位值序列组成初代种群，按适应度函数计算染色体适应度，并根据考虑约束条件的适应度进行选择、交叉和变异等操作，组成新种群，迭代直至满足预定的收敛条件。

二、非支配遗传算法原理和方法

1994 年，Srinivas 等人发明非支配排序遗传算法（Non-dominated Sorting Genetic Algorithm，NSGA），现在已经被广泛应用于各种问题。然而，该算法虽提出了较好的 Pareto 最优解集构造方法，但复杂度太高，共享参数的大小不容易确定，而且没有建立防止优秀解丢失的最优个体保留机制，难以实现动态修改和调整。因此，后来的学者通过加入了快速非支配排序、精英策略和密度值估计去克服 NSGA 的上述缺陷，提出了 NSGA-Ⅱ，实现了对 NSGA 算法性能的改进，相较其他如 TPEA（Trength-pareto Evolutionary Algorithm）、PAES（Pareto-archived Evolution Strategy）等算法，NSGA-Ⅱ显示了较好的性能。

1. Pareto 支配关系以及 Pareto 等级

多目标优化问题中各个目标并非完全统一，而是具有一定的矛盾性，如前文中洪水期最高水位越低，对水库建筑物和上游防护区而言就越安全，但同时造成最大下泄流量增大，对下游防护区造成威胁，即对于多目标问题，当优化其中一个目标时，就会对其他目标造成不利影响。因此在求解过程中，难以找到一个令所有目标均为最优的解，只能在各个目标之间进行权衡和协调，选择一个相对来说比较优秀的解（称为 Pareto 解）。对于每一个解而言，它代表的各个目标的值均不相同，各有长处和缺陷，因此在综合考虑时，通常最后会形成一个较优解的解集（Pareto 解集），在该解集中的解都具有较好的性能，根据要求自行选择即可。

以多目标优化中各目标寻求最小化的问题为例。对于 n 个目标分量，$f_i(x)$，$i=1, 2, \cdots, n$，设有两个决策变量 X_a 和 X_b，它们的支配关系描述如下：

如果对于 $\forall i \in 1, 2, \cdots, n$，都满足 $f_i(X_a) \leqslant f_i(X_b)$，并且 $\exists i \in 1, 2, \cdots, n$，也都能够使 $f_i(X_a) < f_i(X_b)$ 成立，那么就可以判断，X_a 支配 X_b。

如果一个决策变量不受另外任何一个决策变量的支配，则称该决策变量为非支配解。Pareto 等级定义如下：对于得到的一组解，其中的非支配解等级即为 1，将这些等级为 1 的解从集合中去除，余下的解中继续找出非支配解集合，等级为 2，按照这个方法顺推，即可得到各个个体的 Pareto 等级。如图 7-1 所示。

2. 快速非支配排序算法

NSGA-Ⅱ算法的非支配排序方法如下：为了实现快速分级和排序，对每个个体进行判断和计算。引入指标 n_i 和 S_i，这两个参数是每一个个体都具有的，其中，n_i 表示种群中对个体 i 存在支

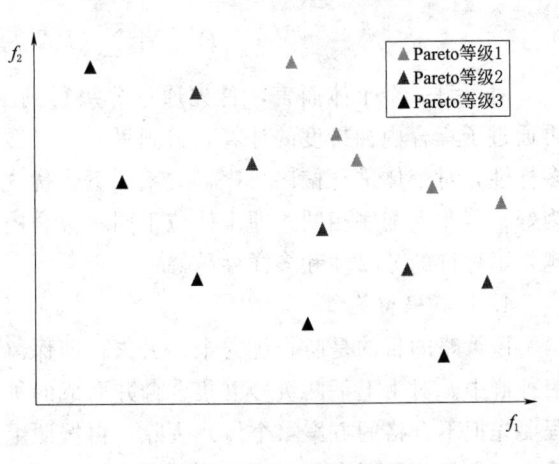

图 7-1 Pareto 等级示意图

关系的其他个体的数量，S_i 表示种群中被个体 i 支配的其他个体的组合。对每个个体的这两个参数计算完成后，搜索 $n_i=0$ 的个体，将它们放入集合 F_1 中，F_1 即为 Pareto 等级为第一级的集合。以 F_1 中的各个体为基准进行第二级的搜索。以 F_1 中的个体 j 为例，将被种群中个体 j 支配的个体放入集合 S_j，将 S_j 中的每个个体 k 的 n_k 值减 1，若得到 $n_k-1=0$，就将该个体放入集合 F_2，F_2 即为 Pareto 等级为第二级的集合。再对 F_2 重复上述操作，直至将整个种群的所有个体全部分级。该方法的总时间复杂度为 $O(rN^2)$（其中 N 为种群规模，r 为目标数量），能够节省不少时间。

3. 保持种群分布性和多样性的策略

NSGA-Ⅱ算法中，保持种群分布性和多样性的策略如下：引进偏序关系。在快速非支配排序算法介绍中，已经将种群中的所有个体进行分级，设总共分为 m 级，那么一共就有 m 个子集合。对每个子集合中的每个个体计算它们的拥挤距离来表示其拥挤度。各个体的拥挤距离是此个体的相邻两个体的各子目标差值的绝对值之和。根据个体所在的子集合的级数以及计算得到的拥挤距离进行集合内排序，得到一个偏序集，当要产生新种群时，从该偏序集中选取下一代。如图 7-2 所示，当优化问题中存在两个目标时，只需要计算与之相邻的两个个体在两个子目标上的长度即可，个体 i 的拥挤距离计算如下所示：

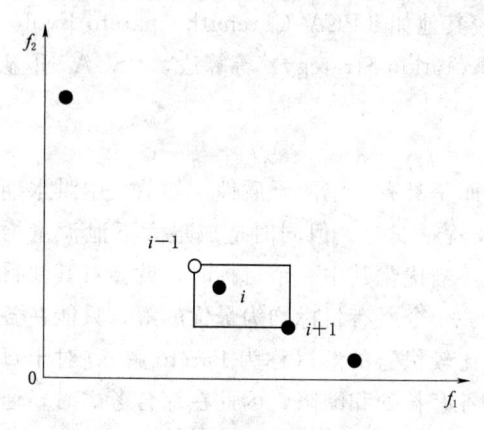

图 7-2 个体 i 的拥挤距离示意图

$$P_{i,\text{dis}} = (P_{i+1}f_1 - P_{i-1}f_1) + (P_{i+1}f_2 - P_{i-1}f_2) \tag{7-5}$$

式中：$P_{i,\text{dis}}$ 为个体 i 的拥挤距离；P_{i+1}、P_{i-1} 分别为与个体 i 相邻的两个个体；$P_i.f_h$ 为个体 i 的第 h 个目标的目标值。

由图 7-2 可知，个体的拥挤距离实际上就是图中四边形的长度加宽度。

类似式（7-5），若子目标数量为 r，则个体 i 的拥挤距离计算如下所示：

$$P_{i,\text{dis}} = \sum_{k=1}^{r} (P_{i+1}f_r - P_{i-1}f_r) \tag{7-6}$$

对于每一个个体而言，首先通过分级得到了一个参数，即非支配序（Pareto 等级），再通过子集合内拥挤度的计算，得到另一个参数，即拥挤距离。为了实现较好的分布性和多样性，对个体进行偏序排序，关系如下：优先考虑非支配序（Pareto 等级），等级较高为好；若非支配序相同，即个体位于同一集合内时，考虑拥挤距离，拥挤距离越大，性能越好，种群的分布性和多样性越好。

4. 精英保留策略

该策略的目的是防止优秀个体丢失，即保留上一代中的优秀个体，使其直接进入下一级种群中。对由上下两级种群集合合并而成的种群进行选择，组成一个新的种群。这个过程要先把不合格的方案（个体）去除，再按照上文所描述的偏序关系进行排序，从低到高依次放入新的种群中，直至达到最大值 N。

5. 算法求解步骤

模型求解思想步骤：

（1）初始化全局参数，确定种群规模和最大迭代次数。

（2）确定初始种群。

（3）根据初始种群（父代集合）中每个个体的非支配序、支配强度 δ 和新的拥挤距离 i_D，选取排序位次较前的 n 个个体，进行选择、交叉、变异等操作，形成第一代初始子集合，并计算子集合的目标值。

（4）合并第一代初始子集合与父代种群，对其进行排序，选取排序位次较前的 n 个个体，放入新集合形成最终的子代种群；循环数 Gen＝Gen＋1。

（5）循环上述（3）～（4）过程，直至循环数 Gen 达到最大迭代次数，退出算法循环，获得最终解集。

NSGA-Ⅱ算法进行求解的具体流程如图 7-3 所示。

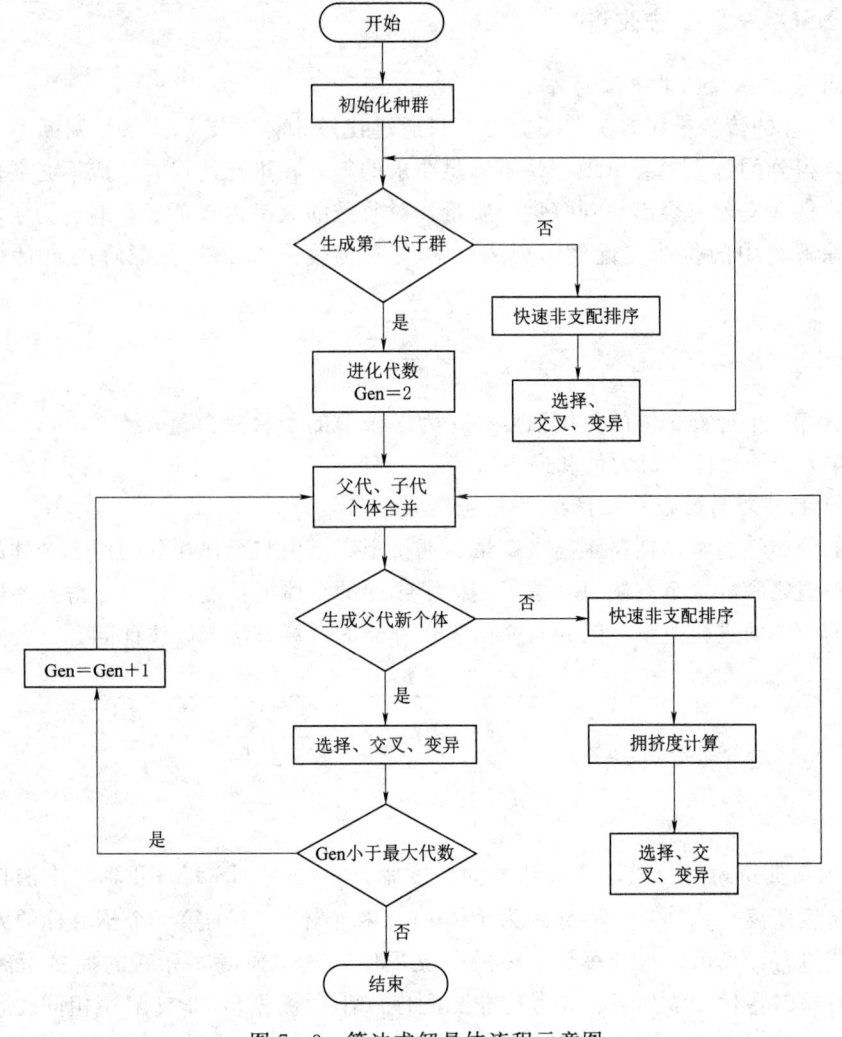

图 7-3 算法求解具体流程示意图

6. 算法性能分析

经过上述算法原理和求解步骤的介绍，结合目前一些学者的研究成果可知，NSGA-Ⅱ算法计算时相对简单，精英保留策略防止了优秀个体的流失，种群的分布性和多样性较为优良，能够进行较好的全局搜索。

NSGA-Ⅱ是多目标进化算法的重大突破，它的原理和框架为许多算法的发展奠定了基础，如 NSGA-Ⅲ，VaEA 等。同时，NSGA-Ⅱ也有一定的缺点，它在解决低维度问题时效果较好，得到的解比较优秀，但是涉及高维度问题后就会出现一些问题，由于它在选择个体时，以支配关系为依据进行了排序，这种方式在进行选择时性能并不完美，选择压力稍弱，此外，高纬度的拥挤距离计算难度大大增加，计算时间增长，效率降低。

可见，NSGA-Ⅱ算法在水库优化调度问题中具有明显的优越性，它能够得到性能较好的解集，为调度策略提供了依据。但同时需要考虑到维度的问题，梯级级数过多，多目标问题过于复杂，将加大计算量。

三、NSGA-Ⅱ算法改进

1. 基于支配强度的非支配排序

NSGA-Ⅱ的传统排序方法并不完善，只通过比较个体的支配关系来判断其等级，这种情况下，得到的解集中会出现一些不满足要求的解，在进行迭代时造成不必要的计算和搜索。这些伪非支配解会影响到解集的质量，对收敛的效率也有负面影响。为了消除这些影响，去除解集中的伪非支配解，引入一种支配强度来判断非支配解的真伪性，公式如下：

$$\delta_i = \sum_{l=1}^{p} \left[\frac{f_l(i) - f_l^{\min}}{f_l^{\max} - f_l^{\min}} \right] \tag{7-7}$$

式中：δ_i 为第 i 个种群个体的支配强度；p 为求极值的子目标数量；$f_l^{\max}$、$f_l^{\min}$ 分别为所得集合中第 l 个子目标的最大值和最小值。

2. 基于拥挤距离的分布性保持方法

种群的分布性通常由拥挤距离来衡量。拥挤距离是由与个体相邻的两个个体的各目标差值的绝对值之和。这个方法只考虑了相同子集内的个体拥挤度，没有考虑到不同子集内性能较好的个体的进化概率。因此本文引入一种新的计算方法来解决此问题，公式如下：

$$i_D = \frac{i_d}{\left\{ \frac{1}{p} \sum_{r=1}^{p} \left[(|f_r^{i+1} - f_r^{i-1}|) - \frac{i_d}{p} \right]^2 \right\}^{-1} + 1} \tag{7-8}$$

$$i_d = \sum_{r=1}^{p} (|f_r^{i+1} - f_r^{i-1}|) \tag{7-9}$$

式中：i_D 为新拥挤距离公式计算得到的拥挤度距离；i_d 为 NSGA-Ⅱ算法中的传统算法计算的拥挤度距离；f_r^{i+1}、f_r^{i-1} 分别为个体 $i+1$ 和个体 $i-1$ 的第 r 个子目标的大小。

按上式进行计算后，得到每个个体的非支配序、支配强度 δ 和新的拥挤距离 i_D。在选取进化对象时，优先级如下：先考虑非支配序（小者优先），非支配序相同时，考虑拥挤距离 i_D（大者优先），上述两个都一致时，最后考虑支配强度 δ（小者优先）。

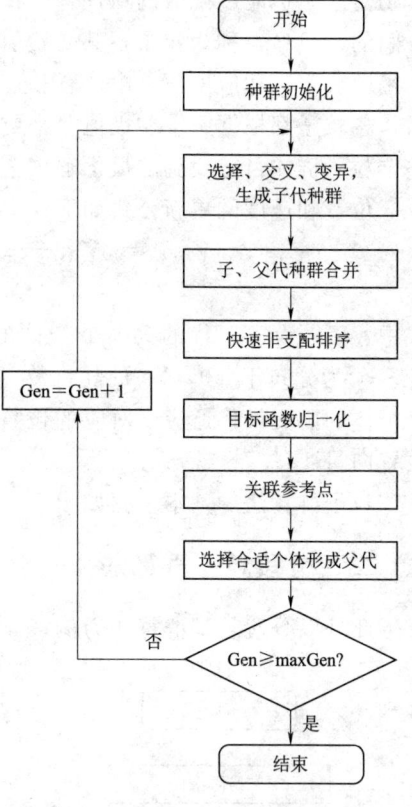

四、NSGA-Ⅲ算法

NSGA-Ⅲ（non-dominated sorting genetic algorithm-Ⅲ，三代非支配遗传排序算法）最早由 Deb 和 Jain 于 2014 年提出。

NSGA-Ⅲ算法沿用了上一代 NSGA-Ⅱ算法的框架，包含选择、交叉、变异等环节，在原有的基础上，使用选择参考点的方法代替了之前算法中计算拥挤距离的方法，并以此为筛选优良个体的策略。这种算法依据的是边界交叉构造权重的方法，在标准化超平面上生成了均匀的参考点，并通过这些参考点与解个体的关联关系来选择解，因此 NSGA-Ⅲ算法相较于 NSGA-Ⅱ算法能够有效地保持 Pareto 解集的均匀性和多样性，其收敛性和适应性也更加优秀。

NSGA-Ⅲ算法的基本步骤描述如下：

步骤一：生成初始种群 A（种群规模为 N），进行选择、交叉、变异操作后，得到相同规模的种群 B，将两个种群合并得到 C，规模为 2N。

步骤二：对 C 进行非支配排序，得到种群 D，记录下 D 规模大于等于 N 时的非支配层级 L，从 L 中挑选 K 个个体，使得新种群规模达到 N。

步骤三：进行归一化处理，并寻找每个目标函数的极值点。

步骤四：确定参考点，并通过构建参考点向量，将参考点与个体关联。

步骤五：筛选子代，从中选出合适的个体加入被选择的下一代种群中，并删除未关联参考点的个体，重复上述步骤直至新种群规模为 N。

NSGA-Ⅲ算法的计算流程如图 7-4 所示。

图 7-4 NSGA-Ⅲ算法流程图

第四节 粒子群算法

一、粒子群算法

粒子群优化算法（Particle Swarm Optimization，PSO）是一种基于群智能（Swarm Intelligence）的进化计算技术。最早是由 Eberhart 博士和 Kennedy 博士于 1995 年提出的，起源于对鸟类捕食行为的研究。与基于达尔文"适者生存，优胜劣汰"的进化思想的遗传算法不同的是，粒子群优化算法是通过个体间的协作来寻找最优解的。可以假设有这样一个场景：一群鸟在某一特定区域内随机搜寻食物，在这个区域中有且只有一块食物，而且所有的鸟都不知道食物在什么地方，但是它们知道当前各自的位置离食物还有多远，信息可以在鸟群间共享,它们也就知道自己同伴的位置。那么这一群鸟寻找那块食物的最简单有效的方法,就是不断地搜寻当前离食物最近的那只鸟的周围区域。在搜索过程中,每只鸟可以根据两方面的信息来调整自己的方向和速度,一就是自身经历过的最佳位置;二就是整个过程中,群鸟所发现的最佳位置。粒子群优化算法就是从这种模型中得到启示而产生的。

粒子群优化算法是对群体行为的模拟。群鸟的搜索区域对应于设计变量的变化范围,食物对应于适应度函数的最优解。在粒子群优化算法中,每个优化问题的潜在解都是搜索空间的一只鸟,称为粒子,其初始值为一组随机数。粒子在解空间内进行搜索时,由适应度函数决定其适应度值,由位置和速度的更新公式决定飞行方向和飞行距离。在迭代开始后,各粒子都根据两个"极值"来更新自己,即粒子本身所找到的最优解(个体极值)与整个粒子群体目前找到的最优解(全局极值)。

位置和速度的更新公式如下:

$$V_{i,k+1} = \omega V_{i,k} + c_1 r_1 (P_{i,k} - X_{i,k}) + c_2 r_2 (P_{g,k} - X_{i,k}) \tag{7-10}$$

$$X_{i,k+1} = X_{i,k} + V_{i,k+1} \tag{7-11}$$

式中:$V_{i,k}$ 为第 k 代的第 i 个个体的速度向量;ω 为惯性权重;c_1、c_2 为加速度因子;r_1、r_2 为分布于 [0,1] 的随机数;$X_{i,k}$ 为第 i 个个体在第 k 代的位置向量;$P_{i,k}$ 为第 i 个个体的历史最优适应度对应的位置向量;$P_{g,k}$ 为第 k 代种群的排序最高的个体对应的位置向量。

粒子群算法的基本步骤如图 7-5 所示。

二、分段粒子群算法

此处以分段粒子群算法为例,介绍粒子群算法在水库多目标调度问题中的应用。

水库多目标调度问题的寻优过程可以被分为搜索可行解、可行域内搜索 Pareto 前沿两大阶段,分别由分段粒子群算法(PPSO)以及多目标分段粒子群算法(MOPPSO)进行求解。本节先介绍 PPSO 算法。

PPSO 以粒子群算法(PSO)为基本框架,通过引入约束破坏向量、分段操作和特殊变异操作的改进策略来优化进化过程,强化迭代中的种群质量。

(一) PPSO 算法的基本结构

PPSO 算法用于水库多目标调度问题的可行解搜索阶段的求解。以某水库优化调度问题的可行解搜索阶段为例,此时可取任意目标函数为主适应度函数,PPSO 计算步骤可总结如下:

Step1 设置算法的各项基本参数;

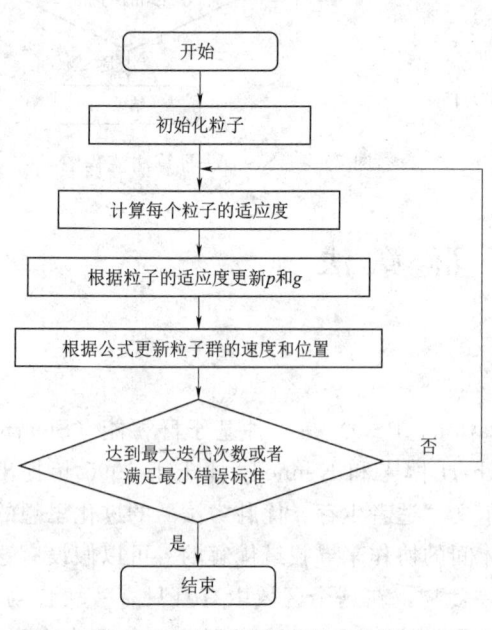

图 7-5 粒子群算法基本步骤

Step2 在进行实数编码时，采用各水库各时间节点的水量作为决策变量；生成初始种群；

Step3 对各个个体的目标函数值和约束破坏度进行计算；使用双适应度法进行种群排序；记录此代的最优个体；

Step4 对个体的位置和速度进行更新；

Step5 根据概率，判断各个个体是否发生变异；如某个体发生变异，则计算其约束破坏向量、进行分段操作、特殊变异操作；

Step6 对各个个体的目标函数值和约束破坏度进行计算；将上一代的最优个体与其迭代一次后的个体进行比较，如果上一代的最优个体优于其迭代一次后的个体，则将其替换；

Step7 判断是否满足结束条件，如果此次迭代中有个体已进入可行域（即其约束破坏度达到 0），则进入 Step8，如果不满足结束条件转入 Step3；

Step8 结束。得出优化调度可行解。

PPSO 的运算流程图见图 7-6。

（二）PPSO 的改进策略

1. 约束破坏向量

在处理水库调度问题的约束时，罚函数法是一种常见的处理方法，但其缺点是显而易见的：①罚因子的选择非常困难，过大或过小的罚因子都会影响计算结果；②惩罚项为一变量，无法携带解向量的约束被破坏的时段的信息。因此，研究提出了约束破坏向量的概念，并将约束破坏向量引入双适应度法的框架，用于处理复杂的约束条件，同时也为后续的分段操作提供依据。

约束破坏向量是元素为 0~1 的一种向量，其各元素对应着某个解在各时段的约束被破坏的程度，整个调度周期的约束破坏程度之和称为约束破坏度。以出力约束和下泄流量约束为例，约束破坏向量与约束破坏度公式如下：

$$\begin{cases} C_{cf}=[C_{cf,1},C_{cf,2},\cdots,C_{cf,T}] \\ C_{cf,t}=\dfrac{|\Delta Q_{cf,t}|}{Q_{max,t}-Q_{min,t}}+\dfrac{|\Delta N_{cf,t}|}{N_{max,t}-N_{min,t}} \end{cases} \quad (7-12)$$

$$S_{cf}=\sum_{t=1}^{T}|C_{cf,t}| \quad (7-13)$$

式中：C_{cf} 为约束破坏向量；S_{cf} 为约束破坏度；$C_{cf,t}$ 为第 t 时段的约束破坏程度；$|\Delta Q_{cf,t}|$、$|\Delta N_{cf,t}|$ 分别为在第 t 时段违反下泄流量、出力约束大小的绝对值；$Q_{max,t}$、$Q_{min,t}$ 分别为第 t 时段的下泄流量约束上、下限；$N_{max,t}$、$N_{min,t}$ 分别为第 t 时段的出力约束上、下限。

由式 (7-12)、式 (7-13) 可见，约束破坏向量携带了解向量的各时段的约束破坏信息，约束破坏度表征了解向量在整个调度周期内的违反约束的程度。在进行使用时，约束破坏向量提供了一个包含约束破坏信息的操作对象，方便研究者观察某解向量的约束被破坏的时段和程度，为进一步分析约束被破坏的成因提供依据；同时，约束破坏向量为之后的分段操作提供了基础，由于其计算公式的特性，其本身就已经将解向量分解为约束不

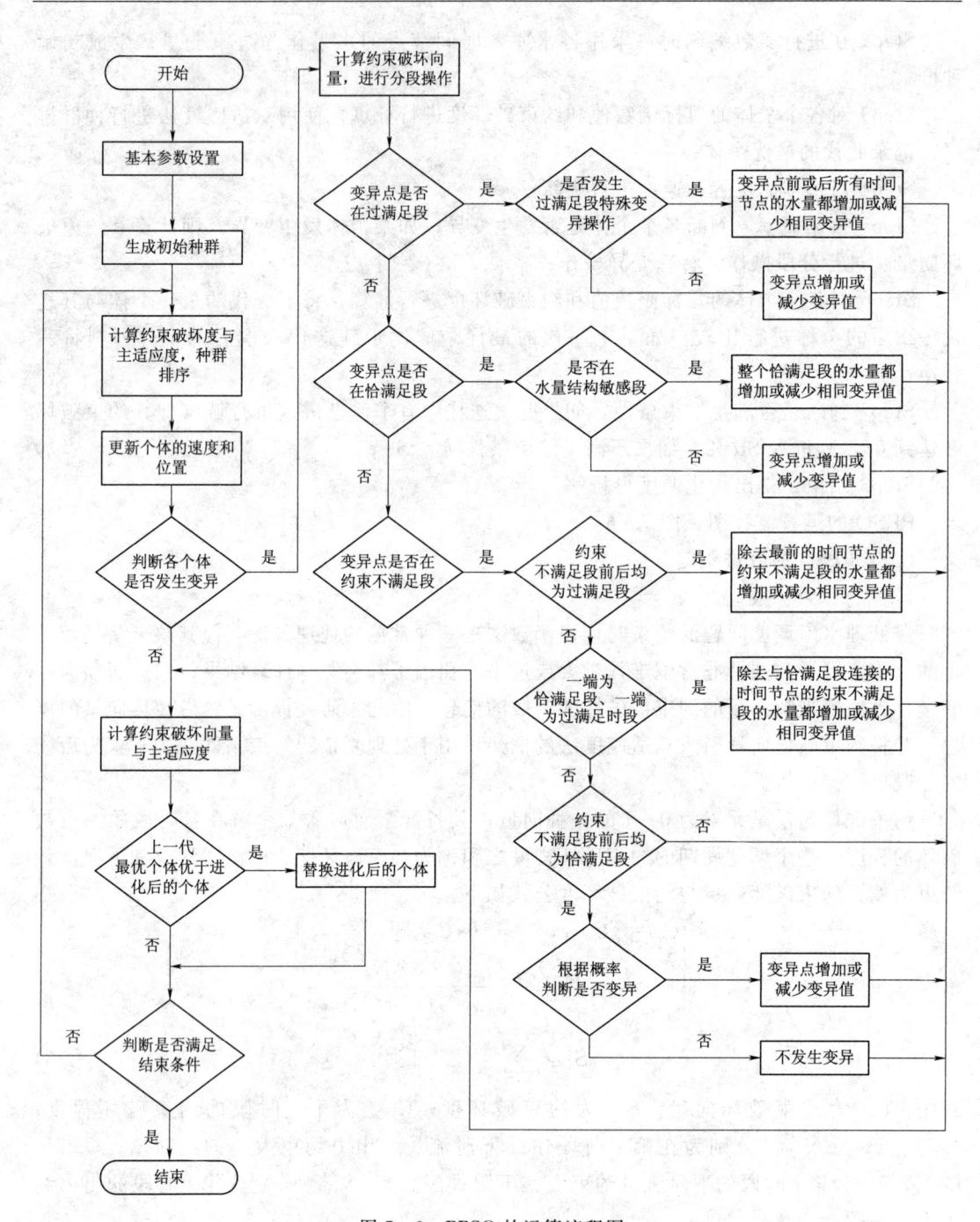

图 7-6 PPSO 的运算流程图

满足段和满足段（元素为非零即不满足约束、元素为零即满足约束），通过进一步使用约束破坏向量，可以将解向量分解为约束不满足段、恰满足段、水量结构敏感段和过满足段，为之后的特殊变异操作提供了操作对象。而约束破坏度为种群排序提供了依据：当使用罚函数法时，约束破坏度可以与罚因子组成惩罚项，根据最终所得的适应度值进行排序；当使用双适应度法时，可以单独作为副适应度直接进行种群排序。

2. 分段操作、特殊变异操作

在进行特殊变异操作前，算法需根据约束破坏向量，对解向量进行分段操作：

Step1 根据现有约束得到的约束破坏向量，选取其中所有不为 0 的时段构成约束破坏段；

Step2 适当收缩现有约束范围，计算得到新的约束破坏向量，选取其中所有不为 0 的时段构成新约束破坏段；

Step3 新约束破坏段相对约束破坏段增加的时段为恰满足段（满足约束条件但某些指标值接近约束边界的时段）；

Step4 两次计算约束破坏向量均为 0 的时段构成过满足段（满足约束且各指标值离约束边界较远的时段）；

Step5 将恰满足段去除与过满足段相连接的时段后，得到水量结构敏感段。

至此，分段操作已将解向量分解为约束破坏段、恰满足段、水量结构敏感段、过满足段，为后续的特殊变异操作提供了操作对象。

特殊变异操作可表述如下：

（1）当过满足段内出现变异点时，在一定概率下，变异点根据其所在的时间节点将解向量分成前、后两个大段，前段或后段的所有的变量都增加或都减少相同的变异值，在其他概率下，此变异点发生单独变异。例如，第 n 个时间节点处于某一过满足段的内部，此节点的变量发生变异时，公式如下：

$$mut_1 = \begin{cases} [C_1, \cdots, C_{n-1}, E_n, C_{n+1}, \cdots, C_t] & rand < e_1 \\ [E_1, \cdots, E_{n-1}, E_n, C_{n+1}, \cdots, C_t] & e_1 \leqslant rand < e_2 \\ [C_1, \cdots, C_{n-1}, E_n, E_{n+1}, \cdots, E_t] & e_2 \leqslant rand \end{cases} \quad (7-14)$$

$$x_2 = \begin{cases} x_1 - c \times [bound1 - bound2] \times mut_1 & rand < e_3 \\ x_1 + c \times [bound1 - bound2] \times mut_1 & e_3 \leqslant rand \end{cases} \quad (7-15)$$

式中：mut_1 为过满足段内变异的特殊变异向量；C_t、E_t 分别为数字 0、1，决定了第 t 时间节点最终是否发生变异；$rand$ 为 [0, 1] 内的随机数；x_1、x_2 分别为变异前、后的解向量；c 为 (0, 1) 内的随机数，决定了变异值的大小；$bound1$、$bound2$ 分别为各时间节点的蓄水量的上、下限组成的向量；e_1、e_2、e_3 均为 [0, 1] 内的参数。

（2）当恰满足段内出现变异点时，需要判断变异点是否位于水量结构敏感段内；如果变异点位于水量结构敏感段内，则整个恰满足段的变量都增加或都减少相同的变异值；如果变异点位于其他时间节点，则单独发生变异。例如，第 n 个时间节点处于恰满足段 $[l, m]$ 内部，此节点的变量发生变异时，公式如下：

$$mut_2 = \begin{cases} [C_1, \cdots, C_{l-1}, E_l, E_{l+1}, \cdots, E_{n-1}, E_n, E_{n+1}, \cdots, E_{m-1}, E_m, C_{m+1}, \cdots, C_t] \\ \qquad if\ 变异点在水量结构敏感段内 \\ [C_1, \cdots, C_{n-1}, E_n, C_{n+1}, \cdots, C_t] \\ \qquad if\ 变异点在其他时间节点 \end{cases}$$

$$(7-16)$$

$$x_2 = \begin{cases} x_1 - c \times [bound1 - bound2] \times mut_2 & rand < e_3 \\ x_1 + c \times [bound1 - bound2] \times mut_2 & e_3 \leqslant rand \end{cases} \quad (7-17)$$

式中：mut_2 为过满足段内变异的特殊变异向量；其余变量含义同上。

(3) 当约束不满足段内出现变异点时，需要判断此约束不满足段与过满足段、恰满足段的连接关系。如果此约束不满足段前后均为过满足段，则除去最前时间节点外的约束不满足段的其他变量都增加或都减少相同的变异值；如果一端为恰满足段、另一端为过满足段时，除去与恰满足段连接的时间节点的约束不满足段的其他变量都增加或都减少相同的变异值；如果前后均为恰满足段，则在一定概率下，此变异点单独发生变异，其他概率下不变异。例如，第 n 个时间节点处于约束不满足段 $[l, m]$ 内部，此节点的变量发生变异时，公式如下：

$$mut_3 = \begin{cases} [C_1, \cdots, C_{j-1}, C_j, E_{j+1}, \cdots, E_{n-1}, E_n, E_{n+1}, \cdots, E_{k-1}, E_k, C_{k+1}, \cdots, C_t] \\ \quad if\ 此段前后均为过满足段或此段前为恰满足段 \\ [C_1, \cdots, C_{j-1}, E_j, E_{j+1}, \cdots, E_{n-1}, E_n, E_{n+1}, \cdots, E_{k-1}, C_k, C_{k+1}, \cdots, C_t] \\ \quad if\ 此段后为恰满足段 \\ [C_1, \cdots, C_{n-1}, E_n, C_{n+1}, \cdots, C_t] \\ \quad if\ 此段前后均为恰满足段且\ rand < e_4 \\ [C_1, \cdots, C_{n-1}, C_n, C_{n+1}, \cdots, C_t] \\ \quad if\ 此段前后均为恰满足段且\ e_4 \leqslant rand \end{cases}$$

$$(7-18)$$

$$x_2 = \begin{cases} x_1 - c \times [bound1 - bound2] \times mut_3 & rand < e_3 \\ x_1 + c \times [bound1 - bound2] \times mut_3 & e_3 \leqslant rand \end{cases} \quad (7-19)$$

式中：mut_3 为约束不满足段内变异的特殊变异向量；e_4 为 $[0, 1]$ 内的参数；其余变量含义同上。

分段粒子群算法部分变异方式示意图见图 7-7。

使用特殊变异操作的优点可归纳如下：

1) 传统变异操作时，约束不满足段、水量结构敏感段内的变量单独变异，导致约束破坏度的增加，最终导致迭代中出现大量不可行解。特殊变异操作有效避免了这一情况的发生，从而提高了计算效率。

2) 水量结构敏感段的整体抬升可以使得段内各时间节点的水头提高，从而使水量结构敏感段中的一部分时段不再敏感，这有助于过长的水量结构敏感段的解体。

3) 使用特殊变异操作时的水量变化方式，可以直接增加各段的始、末水量变化的概率，又从而提高了计算效率。变异点落入原水量结构敏感段，使其整体抬高，最终降低了约束不满足段的约束破坏度。

三、多目标分段粒子群算法

传统的优化算法（如逐次优化、非线性规划等方法）主要用于单目标问题的求解。对于多目标问题，这些优化算法通常使用权重法等方法，将其转化为单目标问题，再进行优

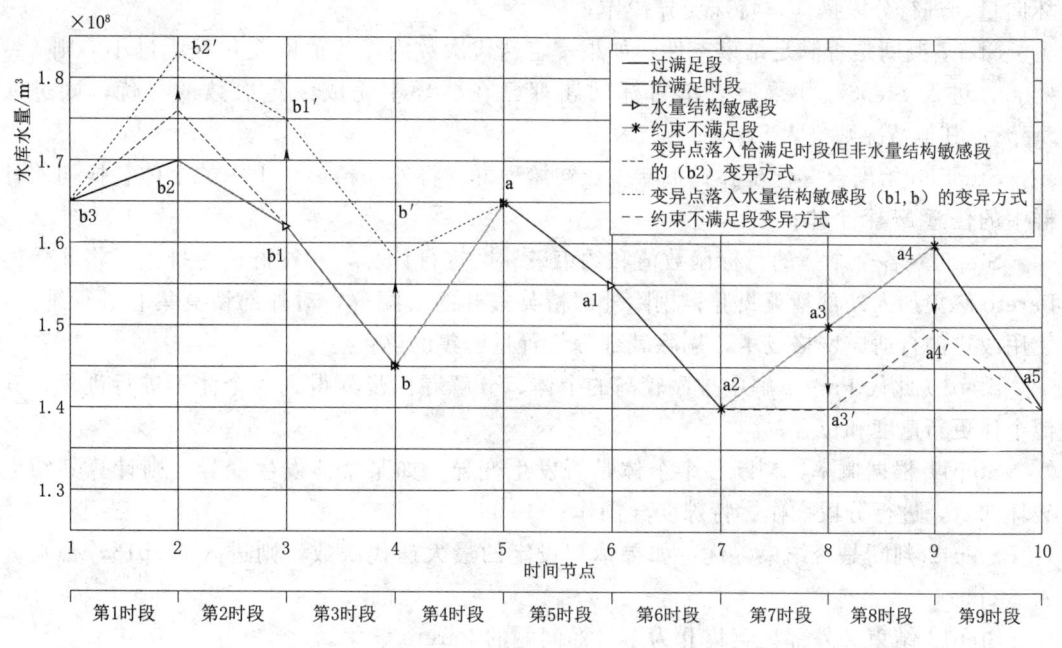

图7-7 分段粒子群算法部分变异方式示意图

化。这种方法虽然易于理解，但无法同时获得多个可行解，不适合于工程应用。通过研究PPSO算法在多目标问题中的拓展，提出了MOPPSO算法，并将其运用于可行域内搜索Pareto前沿阶段。

多目标分段粒子群算法（MOPPSO）采用了"分解聚合"求Pareto解集的改进策略，使得所得解集尽可能接近多目标问题的真实Pareto前沿。

（一）MOPPSO算法的基本结构

求Pareto解集时，MOPPSO的计算步骤如下：

Step1 设置算法的基本参数；设置外部精英集Ⅰ、Ⅱ；

Step2 进行分解寻优步骤；采用各水库的各时间节点水量作为决策变量进行实数编码；生成初始种群，并将PPSO解得的可行解替换入初始种群；

Step3 将多目标问题分解为多个特殊的单目标问题，循环进行各个单目标问题的寻优；以多目标问题分解为 M 个单目标问题为例，k 为循环次数，此时循环寻优的情况如下：$k=1$ 时，进行第1个单目标问题的寻优，$k=2$ 时，进行第2个单目标问题的寻优……$k=M$ 时，进行第 M 个单目标问题的寻优，$k=(M+1)$ 时，进行第1个单目标问题的寻优……；

Step4 对各个个体的目标函数值和约束破坏度进行计算；使用双适应度法进行种群排序；将此代中排序最优的个体取出，与外部精英集Ⅰ的对应单目标问题的个体进行对比，如果优于外部精英集Ⅰ对应的个体，则将外部精英集Ⅰ对应的个体更新为此代中排序最优的个体，否则，此代中排序最优的个体被外部精英集Ⅰ对应的个体所替换；

Step5 对各个个体的位置和速度进行更新；

Step6 根据概率，判断各个个体是否发生变异；如某个体发生变异，则计算其约束破坏向量、进行分段操作、特殊变异操作；

Step7 判断是否满足结束条件：如果一定迭代次数内最优值的变化程度过小，则 $k=k+1$，进入 Step3；如果所有单目标问题都已在循环中完成设定次数的寻优，则进入 Step8；其他情况则进入 Step4；

Step8 开始聚合寻优步骤；重新生成初始种群；将外部精英集 I 中的个体替换初始种群中的任意 M 个个体；

Step9 对各个个体的目标函数值和约束破坏度进行计算，对种群进行排序；将此代的 Pareto 解集加入外部精英集 II；剔除外部精英集 II 的支配解；对外部精英集 II 进行维护，使用改进的自适应网格技术，剔除其部分位置过密集的解；

Step10 此代 Pareto 解中排序较高的个体、分解寻优步骤得到的个体不进行进化，其他个体更新速度和位置；

Step11 根据概率，判断各个个体是否发生变异；如某个体发生变异，则计算其约束破坏向量，进行分段操作、特殊变异操作；

Step12 判断是否结束寻优：如果达到设定的最大迭代次数，则进入 Step13，否则进入 Step9；

Step13 结束。外部精英集 II 为多目标问题的 Pareto 解集。

MOPPSO 运算流程图可见图 7-8。

（二）MOPPSO 算法的改进策略

1. "分解聚合"策略

可见，MOPPSO 算法使用两大步骤进行多目标问题的求解：

（1）分解寻优步骤。将多目标问题分为多个特殊的单目标最优化问题。在寻优过程中，这些单目标最优化问题进行种群排序操作时，选取各代非劣解中的相应目标值最优的解作为最优解，并判断是否加入外部精英集 I。多个问题分别进行寻优，使得到的各问题的最优个体（储存于外部精英集 I 中）尽可能接近多目标问题的真实 Pareto 前沿。

（2）聚合寻优步骤。首先重新生成初始种群，然后将外部精英集 I 中的个体替换初始种群中的多个个体，进行 Pareto 解集的搜索，得到最终的 Pareto 解集。

使用"分解聚合"策略的优点可归纳如下：①由于分解寻优步骤得到的个体已经接近多目标问题的真实 Pareto 前沿，聚合寻优步骤的 Pareto 解集其实是在真实 Pareto 前沿附近进行搜索的，可见，最终得到 Pareto 解集是在真实 Pareto 前沿附近的；②"分解聚合"策略本质上是先使解集中的某些解优先接近真实 Pareto 前沿，实现解集的收敛性，再在真实 Pareto 前沿附近搜索 Pareto 解集的其他解，完善解集的分布均匀性和分布广泛性。传统多目标智能算法通常是同时优化解集的收敛性、分布均匀性、分布广泛性，在进化过程中，这些算法通常会为还未接近真实 Pareto 前沿的解集的分布均匀性和分布广泛性花费过多的时间。使用"分解聚合"策略可以有效地避免这一情况。

2. 外部精英集策略

在"分解寻优"阶段，外部精英集 I 收纳 M 个单目标问题的各次计算的最优解，即外部精英集 I 只包含 M 个个体及其对应的单目标问题的目标函数值。在迭代中，有关外部精英集 I 的操作步骤如下：

第四节　粒子群算法

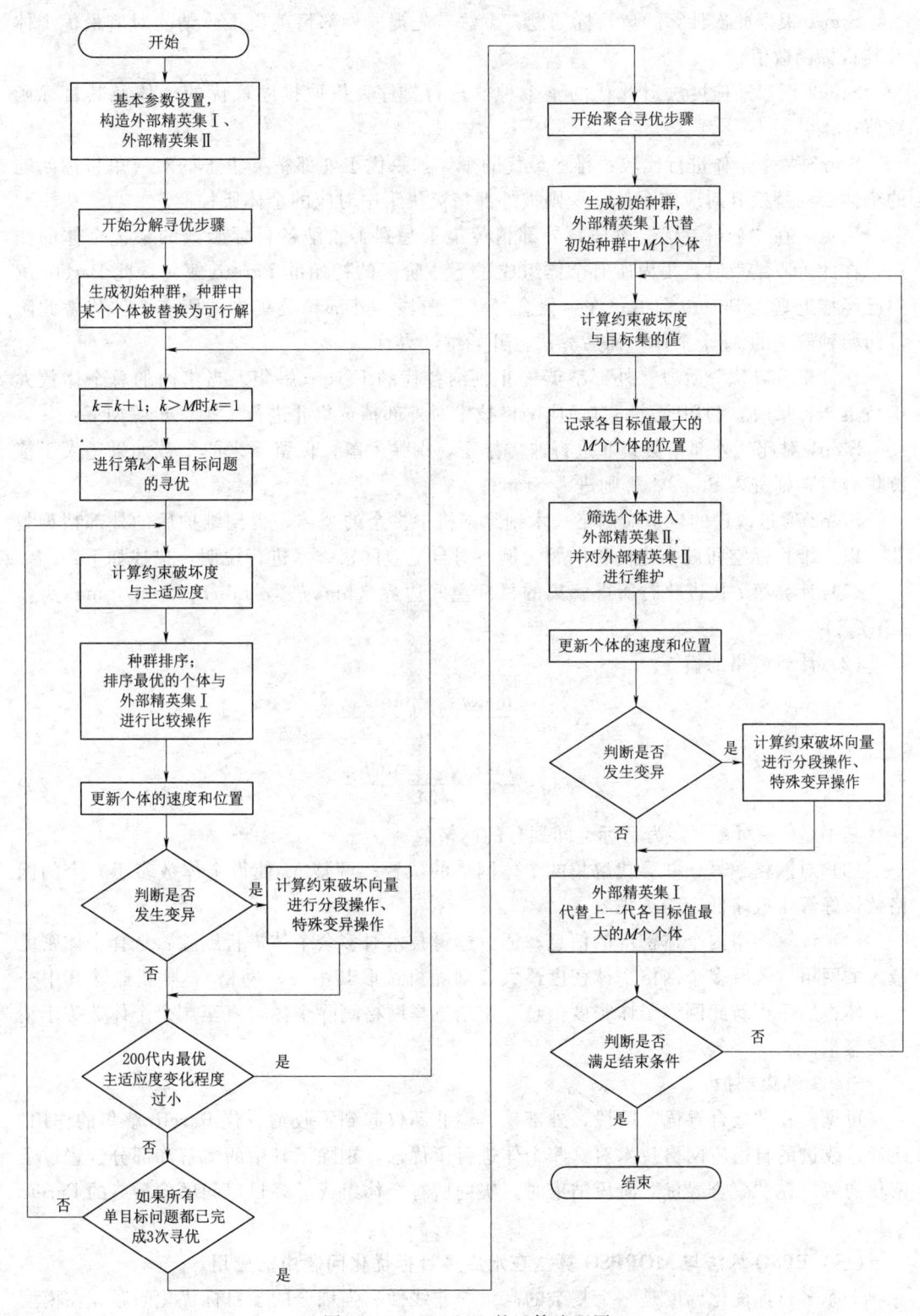

图 7-8　MOPPSO 的运算流程图

Step1 根据此次计算的单目标问题，算法首先提取外部精英集Ⅰ收纳的对应最优个体及其目标函数值；

Step2 以双适应度法对此代的整个种群进行排序，提取排序最优的个体及其目标函数值；

Step3 两个个体进行比较：排序最优的个体如果优于外部精英集Ⅰ的对应单目标问题的个体，则替换其对应的个体，否则被外部精英集Ⅰ中对应的个体所替换。

可见，在"分解寻优"阶段，外部精英集Ⅰ起到了收纳各目标函数的最优个体的作用，在此阶段结束时，集内所有个体组成了下一阶段的初始的Pareto解集，此Pareto解集已经接近真实Pareto前沿；在"聚合寻优"阶段，外部精英集Ⅰ的所有个体代替此阶段初始种群中的M个个体，而后算法再开始继续寻优。

在"聚合寻优"阶段，外部精英集Ⅱ收纳各代的Pareto解集。当集内的总个体数大于精英集容量时，利用改进的自适应网格技术对外部精英集Ⅱ进行维护。步骤如下：

Step1 对此代外部精英集Ⅱ进行非劣排序，剔除劣解；保留下来的个数如果还大于精英集容量，则进入Step2，否则进入Step3；

Step2 通过改进的自适应网格技术剔除网格中多余的个体，得到维护后的外部精英集Ⅱ。以二维目标空间最小化优化问题为例，对自适应网格技术进行说明，描述如下：

(1) 计算第 t 代进化时所得解集的目标空间边界（$\max f_{1,t}$，$\min f_{1,t}$）和（$\max f_{2,t}$，$\min f_{2,t}$）。

(2) 计算网格的模：

$$\Delta f_{1,t} = \frac{\max f_{1,t} - \min f_{1,t}}{M}$$

$$\Delta f_{2,t} = \frac{\max f_{2,t} - \min f_{2,t}}{M} \tag{7-20}$$

其中，$G = M \times M$，为目标空间划分的网格数。

(3) 对网格编号；并寻找解集的个体网格的位置；调整 M 使得个体数多于0个的网格数恰好等于或略低于精英集容量。

(4) 计算网格内个体密度的信息；通过选择技术对多余个体进行删除：选择个体密度最大的网格（若有多个网格个体密度最大，则随机选取其中一个网格），随机删除其中一个个体；然后更新此网格个体密度信息，重新选择网格删除个体，直至剩余个体数等于精英集容量。

Step3 结束维护。

可见，在"聚合寻优"阶段，外部精英集Ⅱ不仅起到了收纳各代Pareto解集的作用，还通过改进的自适应网格技术对这些个体进行了优选，剔除了其中的劣解和部分位置过于密集的解。在"聚合寻优"阶段结束时，集内所有个体组成了多目标问题的最终的Pareto解集。

（三）PPSO算法与MOPPSO算法在水库多目标优化问题中的应用

水库多目标优化调度是一个复杂的高维、非线性、强耦合的多目标优化问题。在模型时间步长较小、计算时段数目较多时，传统智能优化算法往往寻优效率低下甚至无法得到可行解，故研究将水库多目标调度问题的寻优过程分为搜索可行解、可行域内搜索Pareto前沿两大阶段，使用PPSO算法、MOPPSO算法对此问题进行求解。其求解过程如下：

Step1 在搜索可行解阶段，使用PPSO算法进行可行解搜索；当约束破坏度为0时（即进入可行域）停止搜索，保留1个可行解；

Step2 进入搜索Pareto前沿阶段，使用MOPPSO算法进行"分解聚合"两步骤的求解；将Step1得到的可行解带入初始种群进行分解寻优步骤的运算，达到终止条件后得到梯级水库多目标优化问题的边界解；

Step3 进入聚合寻优阶段，将Step2得到的边界解带入初始种群进行聚合寻优步骤的运算，达到终止条件后得到梯级水库多目标优化问题的Pareto解集。

MOPPSO算法在梯级水库多目标优化调度模型中的运算流程见图7-9。

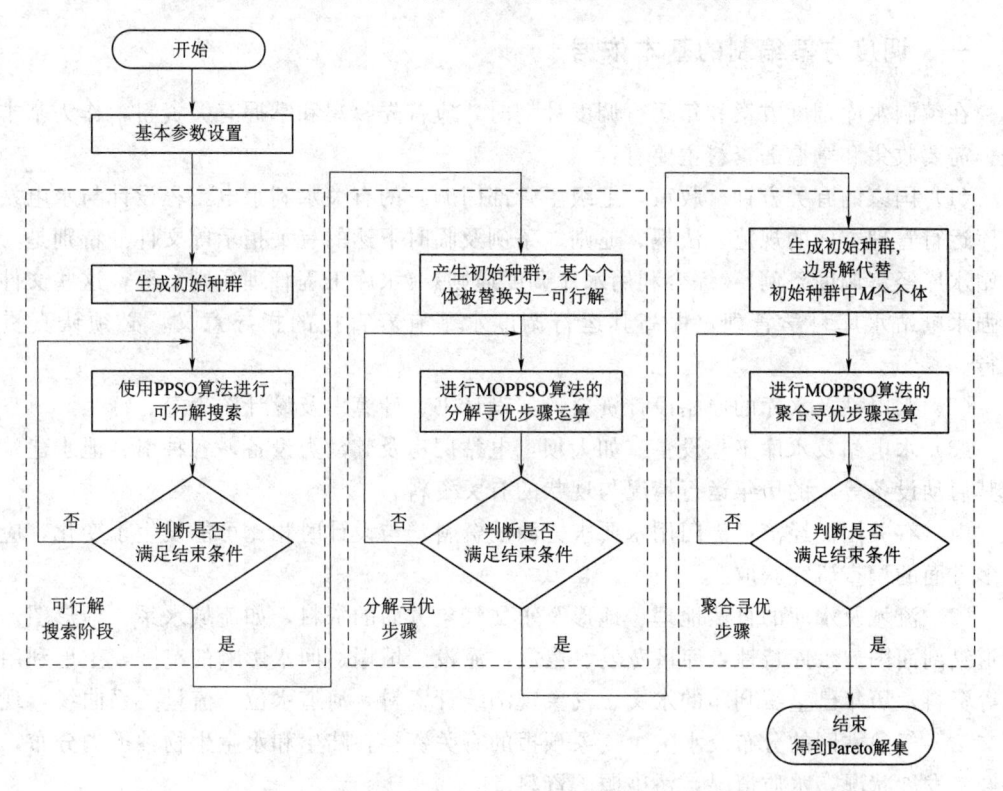

图7-9 MOPPSO算法在梯级水库多目标优化调度模型中的运算流程图

思 考 题

1. 水库优化调度模型常用求解算法有哪些？
2. 简述动态规划的原理以及其求解步骤。
3. 简述遗传算法的原理以及其求解步骤。
4. 简述NSGA-Ⅱ和NSGA-Ⅲ的原理及其求解步骤。
5. 简述粒子群的原理以及其求解步骤。

第八章 水库运行调度的实施

第一节 水库调度方案的编制

调度方案是进行水库调度的总设想、总部署和总计划，它在近期若干年内都对水库调度起着指挥作用。

一、调度方案编制的基本依据

在编制水库调度方案和年运行调度计划时，应首先收集和掌握有关资料，作为基本依据。需要收集和掌握的资料主要有：

（1）国家的有关方针、政策，上级主管部门颁发的有关水利水电工程设计与水电站及水库运行管理方面的规范、法规、通则、条例及临时下达的有关指示等文件。特别是《水电站水库经济调度条例》《综合利用水库调度通则》《水库工程管理通则》等，这些文件对加强水电站水库科学管理，提高其运行调度水平有着直接的指导意义，必须认真贯彻执行。

（2）水电站及水库的原始设计资料，如设计书、计算书及设计图表等。

（3）水电站及水库工程设备（如大坝，电站厂房及其动力设备，各种引、泄水建筑物及其启动设备等）的历年运行情况与现状的有关资料。

（4）有关国民经济各部门用水要求方面的资料，与设计时相比可能发生了变化，应通过多方面的调查研究获取。

（5）流域及水库的自然地理、地形及水文气象方面的资料，如流域水系，地形图，主河道纵剖面图，水库特性，库区蒸发、渗漏、淹没、坍塌、回水影响的范围，土地利用情况等资料，历年已整编刊印的水文、气象观测统计资料，河道水位－流量关系曲线，现有水文站、气象站网的分布及水文、气象预报的有关资料，陆生和水生生物种类的分布，社会经济发展状况，水质情况，污染源等资料。

（6）水电站及其水库以往运行调度的有关资料，如过去编制的调度方案和历年的计划，历年运行调度总结，历年实际记录、统计资料（上、下游水位，水库来水、泄放水过程及各时段和全年的水量平衡计算，洪水过程及度汛情况，水电站水头、引用流量及出力过程和发电量、耗水率等），有关水电站及水库运行调度的科研成果和试验资料等。

调度方案编制的资料结构图见图8-1。

二、调度方案编制与选定的方法及步骤

为了选定合理的水库调度方案，必须同时对所依据的基本资料及水电站水库的防洪与兴利特征值（参数）和主要指标进行复核计算。复核的内容包括：①在基本资料方面，重

第一节 水库调度方案的编制

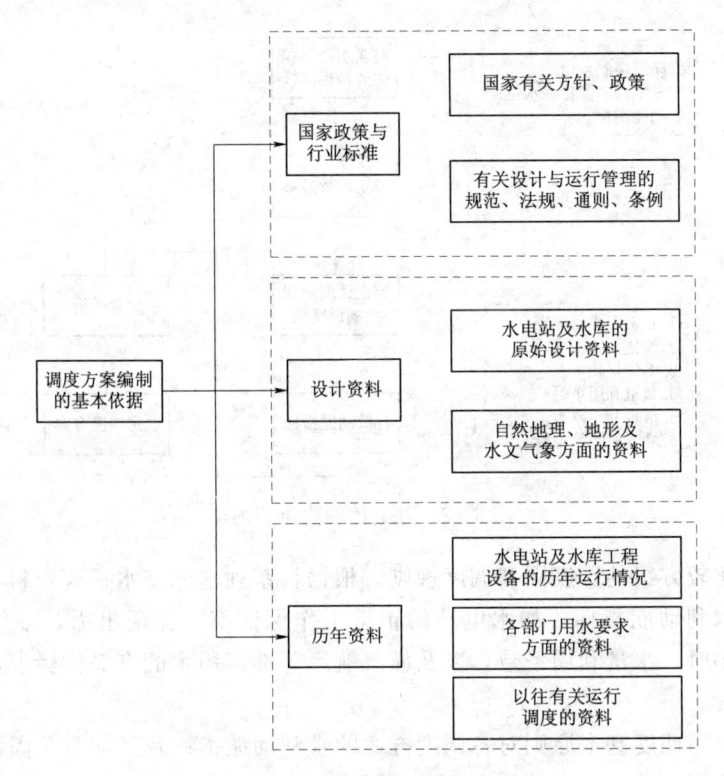

图 8-1 调度方案编制资料结构图

点要求进行径流（包括洪水年径流及年内分配）资料的复核分析计算；②在防洪方面，要求选定不同时期的防洪限制水位，调洪方式，各种频率洪水所需的调洪库容及相应的最高调洪水位，最大泄洪流量等防洪特征值和指标；③在发电兴利方面，要求核定合理的水库正常蓄水位、死水位、多年调节水库的年正常消落水位及相应的兴利库容与年库容，绘制水库调度图并拟定相应的调度规则，复核计算有关的水利动能指标，阐明他们与主要特征值的关系等。

编制和选定调度方案时可采用方案比较法或优化法，也可将两者结合使用。可以说，优化法是较严密而详细的方案比较法（即在无数多个方案中选择最优方案）；而方案比较法则是近似的优化法（即在若干可行方案中选择比较合理，比较好的方案）。优化法有很多优点，在水库调度中正得到日益广泛的使用。但是应用更普遍的还是方案比较法。它比较简单，便于手算。下边介绍方案比较法编制水电站水库兴利调度方案的步骤，其流程图见图 8-2。

（1）拟定比较方案。按照水库所要满足的防洪、发电及其他综合利用要求的水平及保证程度，一定坝高下的调洪库容、兴利库容的大小及两者的结合程度，水电站水库工作方式等因素的不同组合，水电站水库调度方案可能有多种多样（严格来说，可有无穷多不同因素的组合方案）。我们的任务是从多种方案中，拟定若干可行方案作为比较方案。

（2）计算和绘制各比较方案的水库调度图，拟定相应的调度规则。这是调度方案编制的中心工作之一。

第八章 水库运行调度的实施

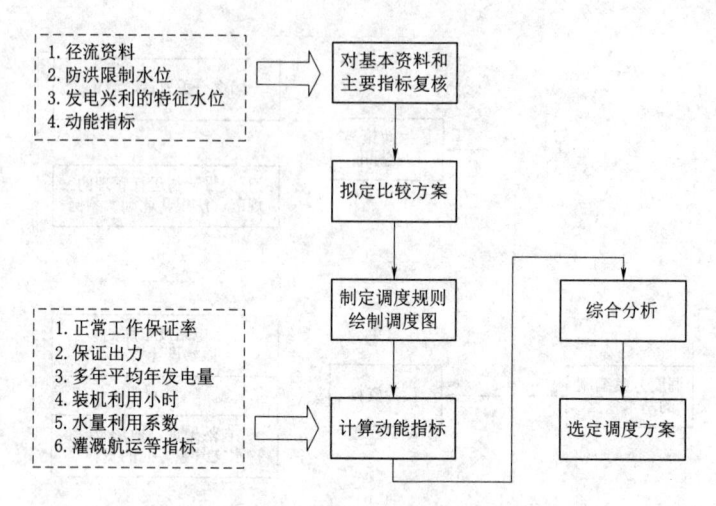

图 8-2 方案比较法流程图

（3）按各比较方案的调度图和调度规则，根据长系列水库来水径流资料，计算水电站及水库的有关水利动能指标，如水电站的正常工作保证率，保证出力，多年平均年发电量，装机利用小时，水量利用系数，以及灌溉航运等部门用水的有关指标、水库蓄水保证率等。

（4）按照水库调度基本原则对各调度方案的水利动能指标及其他有关因素和条件，进行比较和综合分析，选定合理的水电站水库调度方案。

第二节 水电站及水库年度运行调度计划的制定

水电站年发电计划和水库的年度运行调度计划的制定，需要分析当年水库天然来水量及其分配过程，根据来水量制定当年计划。

一、当年水库天然来水量及其分配过程的确定

年运行调度计划（简称年度计划），是调度方案在面临年份的具体体现。在编制水电站的年度生产计划及水库调度计划时，首先必须确定面临年份的水库天然来水量及其分配过程。为此，可采用如下几种方法：

（1）保证率法：这是一种在没有进行水文气象预报时估算年来水量的方法，即根据过去统计得到的年来水量频率曲线，取相应于某一保证率的年来水量作为计划年来水量，并取对应于该来水量的实际年份的径流年内分配作为计划年水量的分配典型。《水电站水库经济调度条例》指出，考虑到目前水文气象预报中长期预报的准确度还不够高的实际情况，计划要适当留有余地，在电力电量平衡中编制水电站年发电计划所用的保证率一般可在70%左右。

（2）预报法：一般情况下，可根据未来一年的天气预报，估计逐月来水量及年来水量；有条件时，可根据长期水文预报，预报6年来水量及其年内分配。目前，在我国不少大、中型水库的运行调度中，均不同程度地开展长、中、短期的水文预报工作。尽管预报

精度和水平还有待不断提高，但这是未来预测径流的重要途径。

(3) 综合法：这是一种根据未来一年的天气趋势所作的定性预报，并结合年来水量频率曲线而确定年来水量的方法，一般采用三级定性预报。在这种方法中，若根据天气趋势所作的定性预报为偏丰以上年份，采用保证率 $P=50\%$ 左右的年水量；若预报为平水年份，则采用保证率 $P=70\%$ 左右的年水量；若预报为偏枯年份，可采用保证率 $P=90\%$ 左右的年水量（但最好不大于设计保证率）。对各级预报年来水量应考虑一定的预报误差。

第 (2)、第 (3) 种确定来水量的方法，一般用于年度计划实施时的水库预报调度。

二、水电站当年发电计划的制定

制定当年发电计划的传统方法是先根据保证率 $P=70\%\sim75\%$ 的年计划来水过程在上年末或当年初作出面临年份的全年逐月发电计划，上报调度部门。调度部门再根据各电站上报的发电计划进行电力系统电力电量平衡计算，进一步修改和落实各电站的发电计划，并下发给各电站，同时安排系统各电站机组等设备及线路的检修计划，确定火电站燃料供应和储备计划。其内容有：

(1) 根据上级批准的现行调度方案中的调度图、年发电计划、电网要求、当年来水预报，并征求有关部门意见，考虑各部门对水库的要求，制订当年水库防汛调洪计划及对兴利部门的供水计划。

(2) 绘制当年的水库计划调度线和预报调度线。

(3) 合理规定各重要时刻（如汛前、汛末，供水期初、末及年末）水库蓄水位的控制范围，进一步核定全年逐月的预报发电量及供水量。

(4) 汛后应根据水库实际蓄水量、灌溉用水需求及供水期预报来水，修正供水期发电计划和水库运行方式。

(5) 当年的水库调度计划制定后，必须通过一定的审批手续，贯彻执行。在计划的执行过程中，可根据各时期的来水及气象变化情况，逐季、逐月地调整计划。

第三节　水库运行调度的实施方法

水电站水库调度的具体实施方法有单纯按调度图调度和水库预报调度两种方法。

一、单纯按调度图调度

单纯按调度图调度实质上也是一种预报调度，是依据过去径流资料进行的一种径流统计预报调度。因为调度图是根据以往的径流资料编制的，它综合反映了各种可能来水情况下的水库调度规则，也就是说，这种方法是在考虑径流统计规律的基础上的水库调度。由于调度图已预先绘好，因此，运行中可只根据面临时段初水库蓄水在调度图上所处的位置来决定水库和水电站应如何工作，即按与库水位相应的指示出力（或供水流量）工作。按这种方法进行水库调度能较好地满足各方面的要求，获得一定的运行效益。但是由于没有考虑未来一定时期预报径流的大小，因而在调度中有时可能产生不必要的弃水；有时又可能因水量不足使得水电站及其他部门的正常工作遭受不应有的破坏，从而影响水库运行调度效益的充分发挥。所以为避免或减少由于单纯按调度图调度所出现的问题，有条件时，应尽量开展水库预报调度。

二、水库预报调度

1. 开展预报调度的必要性

我国已修建的大中型水库，不少都已开展了水文气象预报工作，利用预报来指导水库调度很有实际意义。预报调度既考虑了当时的库水位情况，又考虑了未来来水情况，把安全和经济有效地结合起来，增加了预见性，提高了安全感，使防洪、兴利等部门矛盾能得到较好的协调，最大可能地发挥水库的综合效益。特别是短期洪水预报，其根据已经降落到地面的暴雨实情来预报洪水过程，因此精度比较高，即使预见期短，也很有实际意义。利用短期洪水预报可以预先知道即将发生的洪水的洪峰、洪量及其过程，就能及时采取预先加大泄量或拟定紧急防汛措施，增加抗洪能力；可以根据预报的水库下游的洪水过程及时关闭或减少泄量，与下游洪水错峰，减轻洪水危害。短期洪水预报还能及时拦蓄洪水尾巴，增加兴利蓄水，减少弃水。由于短期天气预报，一般做出24h、48h预报也有一定精度，因而在水库洪水调度时，降水量预报是一个主要的参考依据，可以作为水库调节下泄流量和库水位的参考依据，必要时也可以作为预泄依据，这对确保大坝的安全、减轻下游洪水灾害能起到一定的作用。

随着水文气象预报水平的不断提高和预报调度理论方法的日益完善，预报调度的效益将更加明显。所以，为提高水库的综合利用效益，有必要开展预报调度工作。

2. 利用预报进行洪水调节

综合利用的水利枢纽，其主要任务基本上可分为防洪与兴利两大部分。然而，这两大任务却存在着一定的矛盾。防洪要求水库在汛期内保持低水位，而兴利则要求水库尽量保持高水位。因此，利用预报进行洪水调节是有效改善这一矛盾的较好途径。采用预报进行洪水调节的目的在于减少预留防洪库容，使预留防洪库容加上前期预泄库容能将设计洪水削减到下游河道允许泄量以下，同时又易于在汛末抓住洪水尾巴充满水库，增加汛末蓄水量。

洪水预报调度分为预泄与回蓄两个阶段。预泄是在洪水到来之前，提前加大泄量，腾空部分库容，以供后期拦蓄洪水减少下泄流量，降低最高库水位。预泄流量大小对于防洪来说，应尽可能加大些，但要保证水库的回充蓄水和不超过下游防洪控制点的允许泄量。

为了增加兴利效益，预报预泄要尽量与发电结合，在水库达到或接近限制水位的情况下，为了减少弃水，增加发电量，提前采取发电预泄，水轮机以最大过水能力为限的最大预想出力发电。

无论哪种预泄，均必须保证在洪水过后，水库能回充蓄满（起码保证回充至预泄前的水位，甚至略高些）。因此，拟定预泄流量应按照预报偏小值，这样比较安全可靠，尤其对于预报精度差和调节性能较好的水库更为重要。

3. 长、中、短期预报的结合

当前水文气象预报精度不高，虽然对未来的径流尚不能做到完全准确的预测，但仍有一定的精度，特别是短期洪水预报精度较高，如果以长、中、短期预报相互配合，不断修正，在防洪与兴利方面可以收到较好效果。

长期预报是指1个月以上的水文气象预报，年和月的来水量预报是水库制定长期运行调度计划的一个重要依据。根据年来水量的定性预报及年内各月来水量的分配，结合实际运行库水位，制定出各月和年的调度计划。再根据当月来水量的预报和当时实际库水位，逐月修正水库运行调度计划，调整各月的控制水位。

中期预报是指对流域5～10d平均降雨量和入库流量的预报，中期预报是根据近期气象因子结合洪水预报和流域退水规律做出的，其精度较长期预报高，所以中期预报是调整调度计划的主要依据，使水库的运行计划更切合实际。在汛末，又可以根据中期预报掌握水库收水时机，蓄满水库，增加供水期的兴利效益。

短期洪水预报，可以预报出一次降雨产生的洪峰、洪量及洪水过程，预报精度较高。在库水位接近或达到汛限水位，洪水预报结果可以作为水库调节的重要依据，用以确定洪水调度方案。

目前在中长期水文预报准确性还不够高的实际情况下，利用预报应该互相结合，取长补短，制定的计划应留有余地，由于中长期预报值与实际值不可能完全一致，产生误差是客观存在的，所以在实施调度计划时，应按长计划、短安排、不断调整的原则，随时掌握具体情况，加强计划用水。当来水比计划偏少时，若不及时减少发电出力，库水位将很快消落，以致损失水头并影响其他兴利效益；当来水比计划偏大时，若不及时加大发电出力，库水位将很快上涨，以致发生弃水，损失电能。所以水库运行调度，利用中、长期预报编制了年度季度计划后，在执行中应根据月、旬预报进行修正和调整，最后根据短期预报及当时库水位情况安排水电站运行方式。这种长、中、短期预报相结合的调度方式既可以避免由于预报失误而带来的损失，又可以提高水量和水头的利用率。以某年调节水库的长期（月尺度）、短期（小时尺度）预报结合的水库调度为例，其步骤如下：

Step1 对不同时间尺度的预测期和调度期进行设置；将月尺度的预测期和调度期设置为 m 月（初始为12个月）；将小时尺度的预测期和调度期设置为 d 日（即 $d \times 24h$）；

Step2 对未来 m 月的月均来水流量进行预测；

Step3 利用预测信息进行未来 m 月的水电站优化调度，得到未来 m 月的调度水位过程；

Step4 在未来1个月的月初水位、月末水位已定的情况下，通过线性插值，得到各日的最末时间节点的水位作为待定控制水位；

Step5 对未来 d 日的逐时来水流量进行预测；

Step6 通过按最小下泄流量调度、按保证出力调度的方式，试算出未来 d 日的最末时间节点的最高待定水位；所得结果与对应时间节点的待定控制水位比较，取较低的一个作为控制水位；

Step7 将控制水位作为约束输入水电站优化调度模型，得到未来 d 日的逐时出力过程方案；

Step8 根据Step7得到的逐时出力过程方案指导未来1日的水电站出力；

Step9 在调度实施后，判断是否到达月末，若是，则进入Step10；若否，则进入Step5；

Step10 判断是否到达调度周期末,若是,则进入 Step11;若否,则 $m=m-1$,进入 Step2;

Step11 结束。

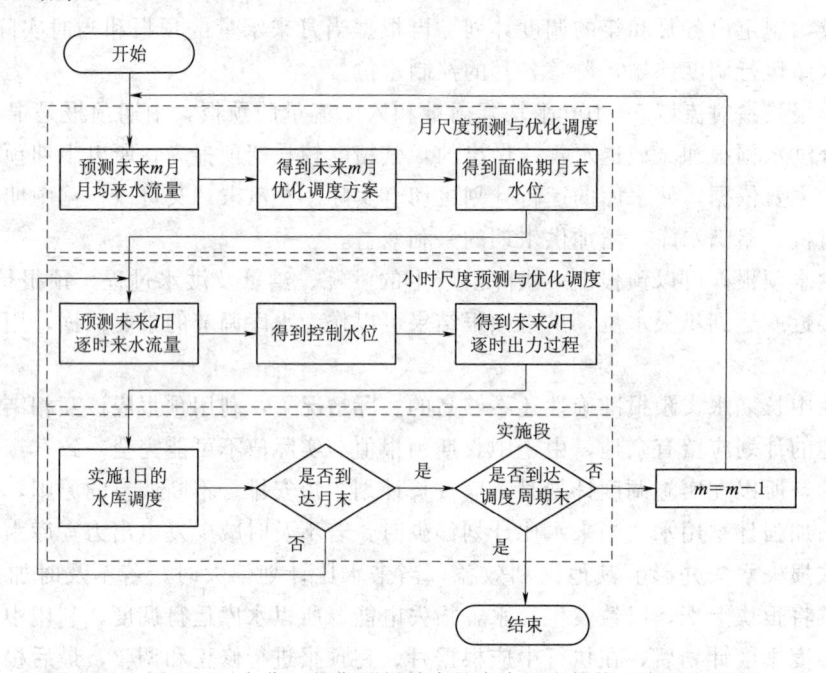

图 8-3 长期、短期预报结合的水库调度结构示意图

4. 预报与调度图的结合

水库调度图是利用径流时历特性资料或统计特性资料,按水库运行调度总原则编制的一组控制水库运行的调度线,结合水库的防洪调度线,即组成水库调度图。在目前对未来天然径流不能准确预知的情况下,按水库调度图运行能使水库运行有较好的可靠性和经济性,防洪与兴利之间的矛盾得到一定程度的解决,在满足一定防洪要求的基础上较大地发挥兴利效益。但在来水偏丰的年份,特别是汛期来水集中时,按调度图运行往往会造成较多的弃水损失,因此在应用调度图时应与水文气象预报相结合。

结合调度图的预报调度,是根据水库当时蓄水位的高低,并考虑未来一定时段内预报径流值的大小来进行水库调度。首先,应根据年初预报的各月来水分配过程,按调度图以时段(旬或月)末水位控制操作计算,编制年预报调度过程线,再根据预报上、中、下限位,编制三条预报调度线。然后,在运行过程中,再根据预报不断修正调度线。如考虑该时段的径流预报,应按时段末水位控制调度,若时段末水位在上、下限预报调度线之间时,则按相应的预报出力工作。若该水位落于下限预报调度线以下时,则以原调度图指示的出力控制工作。如果运行一定时间后,发现面临时段初的水位与原预报调度线偏离较大时,则说明前一时期径流的实际出现值与该时期的预报值之差与原拟定预报误差偏离也较大,因而必须对以后各时期运行计划及预报调度线进行修正。运行中一般将靠近面临时刻的面临时期(可取 1—3 月)作为径流的修正预报期。修正计算时,面临时期的来水取该时期的修正预报值,面临时期以后至计划年度末的余留时期的来水仍按年初预报来水,即可按调度图以时段（可取旬或月）来水量控制操作计算，得到面临时刻以后的修正兴利计划及相应的水库修正预报调度线。调度计划修正后，以修正预报调度线为根据，进行实际操作调度。在目前对兴利调度中考虑中长期预报应采取"不可不信，不可全信""大胆使用，留有余地"的原则，并争取与气象部门实行联合，互通情报，及时处置。

思 考 题

1. 调度方案编制的基本依据有哪些？
2. 简述方案比较法编制水电站水库兴利调度方案的步骤。
3. 调度方案编制的步骤有哪些？
4. 确定当年水库天然来水量及其分配过程的方法有哪些？
5. 水电站水库调度的具体实施方法有哪几种？
6. 为什么要开展水库预报调度？
7. 如何将预报与调度图结合？

第九章 水电站厂内经济运行

第一节 概 述

厂内经济运行是电力系统调度运行中的重要工作,是指在一定的调度周期内,为响应电力系统的负荷指令任务,按照最小的能耗目标逐时段确定水电站投入运行机组的最优组合以及启停次序,并将负荷在机组间实现最优分配。

作为水电站经济运行的重要一环,厂内经济运行策略能够快速指导电站完成负荷指令任务,充分发挥电站的经济效益,为梯级水电站群联合优化运行提供必要的支撑。随着我国水电事业的飞速发展,水电系统规模、运行条件和水电协调关系等发生了重大改变,呈现出大容量、大机组、多级数、复杂异构并网、机组不规则多限制区控制等新的调度特点和更为复杂的运行需求,直接关系到电网和水电站安全稳定控制运行,增加了水电系统厂内经济运行建模和优化求解的难度。

由于风光资源的波动性、随机性和间歇性特征,使得电网负荷波动愈加频繁,梯级水电需要快速响应负荷变化,以保证电网安全稳定运行。厂内经济运行作为梯级实时调度运行的基础,是保障梯级水电站群安全高效运行的重要前提。

厂内经济运行主要包括如下几部分内容:

1. 编制机组动力特性曲线

厂内经济运行的时间尺度较为精细,通常为 1h 或 15min,对于发电出力计算的准确度要求较高,而传统基于固定出力系数 K 值计算的电站出力值并不适用,因此需要通过研究机组动力特性曲线,如 NHQ 曲线(图 9-1),来模拟机组的精细化出力过程。可以看出,编制机组动力特性曲线是开展厂内经济运行的基础工作,通常可以直接由水轮机原型机组的试验数据编制获得,如果没有进行机组试验,可通过将厂家提供的机组数据资料转换得到。

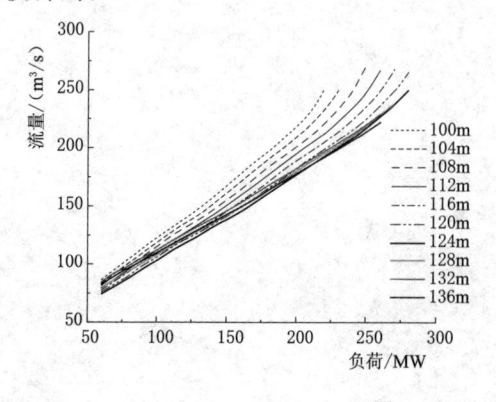

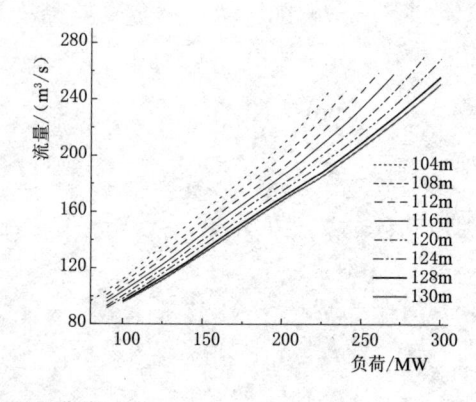

图 9-1 机组 NHQ 曲线

2. 编制负荷静态分配表

为提高厂内经济运行模型的求解效率，可离线计算不同机组组合、水头以及总负荷下的各机组的最优负荷静态分配方案表，并构建相应的数据库进行存储。在实际运行过程中，根据电站负荷需求、当前的水头状态以及机组组合情况，直接从库中调取分配方案。负荷分配表的编制可为厂内经济运行计划的制定以及实时厂内经济运行提供支撑。

3. 制定厂内经济运行计划

制定厂内经济运行计划主要包括两个部分的内容，其一是确定最优机组组合和开停机计划，即一天内各小时应由哪几台机组运转；其二是将负荷任务在选定的机组组合间进行最优分配。厂内经济运行计划是水电站根据系统给定的预报负荷制定的各台机组运行计划方案，需要在前一日进行，可根据实际情况进行调整。

4. 实时厂内经济运行

在实时运行过程中，以制定的厂内经济运行计划为依据，根据负荷、来水等因素的实际变化，及时调整站内机组的经济运行方式，维持电站的出力、水位调控目标在允许范围内。

第二节 机组动力特性曲线复核

水轮机的特性曲线是水电站优化运行的基础数据，其准确性会直接影响优化运行的精度和实用性，因此需要提前对电站机组特性曲线进行复核。

一、常用复核方法

1. 水轮机模型试验

模型机运转规模小，费用小，可以按需随意变动工况，试验方便，能在较短时间内测出模型水轮机的全面特性。但模型机和真机的运行环境存在较大差异，精度不高，且无法反映同型号机组间的能量特性差异。

2. 真机效率试验

为了提高机组能量特性的准确性，可以通过真机效率试验的方式获得机组的实际运行数据。该方法不用通过中间换算，可以保证数据的精度。但试验投入大，水头等试验条件改变困难，历时较长，为了不与生产活动冲突，需要提前对试验时间进行合理安排。

二、基于水电站监测数据的复核方法

由于电站机组已投产运行较长时间，部分机组可能因叶片磨损等原因导致效率降低，模型机无法准确表征当前机组的运行状态，且和真机的运行环境存在较大差异，复核精度不高，而真机效率试验条件比较苛刻，试验工况调整困难，难以对特性曲线进行全面复核。

随着监测技术和自动控制技术的发展，很多水电站的生产监测系统可以监测到机组能量特性相关的数据。采用监测数据进行复核，一方面监测数据获取简单且能够真实反映电站运行状态，另一方面长系列的监测数据能够提供足够多的工况进行复核。

下面以 NHQ 曲线为例，详细介绍基于水电站监测数据的 NHQ 曲线复核方法。

1. 样本数据

NHQ 曲线用来表征对应机组水头、出力和发电流量间的关系，因此样本数据需要包括水头、出力以及发电流量。

通常各电站的尾水位曲线均有，且有精度较高、序列较长的上下游水位监测数据和机组实时的出力监测数据，因此样本中的水头可通过上下游水位差计算，样本中的出力即机组的出力数据，发电流量由于监测困难且精度不高，为此可通过监测的下游尾水位，查尾水位流量曲线反推得到。

假定某电站有三台机组，其中 1 号和 2 号机组同型号，则该电站机组 NHQ 曲线复核样本数据选取的具体步骤如下：

(1) 选取足够长的实时监测数据资料，包括上下游水位以及机组负荷，时段记为 T。

(2) 尾水位曲线反映的是下游出库流量与尾水位之间的关系，通常下游出库流量包括机组发电流量、闸门泄水流量以及其他出库，而特性曲线复核只需要机组发电流量，为了避免泄水流量带来的误差，因此在全时段 T 中剔除存在闸门泄水的时段 $T_{弃}$，剩余时段为 T'。

(3) 由于出力数据的尺度较细，而上下游水位监测不频繁，尺度较大，很难有尺度对应的数据资料，为此在时段 T'_1 中选出机组出力较平稳的各个时段过程 t_1, t_2, …, t_n，三台机组对应的负荷分别为 $N^1_{t_1}$, $N^1_{t_2}$, …, $N^1_{t_n}$；$N^2_{t_1}$, $N^2_{t_2}$, …, $N^2_{t_n}$；$N^3_{t_1}$, $N^3_{t_2}$, …, $N^3_{t_n}$。

(4) 以平稳时段 t_1 为例，在 t_1 时段内的上游监测水位平均值减去下游监测水位的平均值即水头 H_{t_1}，以下游水位平均值，查尾水位流量曲线可得总出库流量，当无其他出库时，该流量即负荷 N_{t_1} 的耗水流量 Q_{t_1}，$\{N^1_{t_1}, N^2_{t_1}, N^3_{t_1}, H_{t_1}, Q_{t_1}\}$ 组成一对样本点。同理可得其他的样本点 $\{N^1_{t_2}, N^2_{t_2}, N^3_{t_2}, H_{t_2}, Q_{t_2}\}$, …, $\{N^1_{t_n}, N^2_{t_n}, N^3_{t_n}, H_{t_n}, Q_{t_n}\}$。

2. 参数优化

假定 1 号和 2 号机组对应的耗水流量 Q 与水头 H、出力 N 满足函数关系 $Q = f_1(N, H)$，参数为 a_1、b_1、c_1，3 号机组对应的耗水流量 Q 与水头 H、出力 N 满足函数关系 $Q = f_2(N, H)$，参数为 a_2、b_2、c_2。参数优化的步骤如下：

(1) 初始化一组参数 a_1^1、b_1^1、c_1^1、a_2^2、b_2^2、c_2^2。

(2) 利用前面获取的样本点，以 $\{N^1_{t_1}, N^2_{t_1}, N^3_{t_1}, H_{t_1}, Q_{t_1}\}$ 为例，将 ($N^1_{t_1}$, H_{t_1})、($N^2_{t_1}$, H_{t_1}) 分别带入 $Q = f_1(N, H)$ 计算得到 $Q^1_{t_1}$、$Q^2_{t_1}$，将 ($N^3_{t_1}$, H_{t_1}) 带入 $Q = f_2(N, H)$ 计算得到 $Q^3_{t_1}$，$Q^1_{t_1}$、$Q^2_{t_1}$ 和 $Q^3_{t_1}$ 三者之和 Q'_{t_1} 即计算的出库流量，Q'_{t_1} 和 Q_{t_1} 的差 Q''_{t_1} 即是曲线误差，同样地，由其他样本点可得到各时段的曲线误差 Q''_{t_1}、Q''_{t_2}、…、Q''_{t_n}。

(3) 以 $\min \sum_{i=1}^{n} Q''_{t_i}$ 为目标函数，函数参数为决策变量，采用遗传算法进行迭代，优化参数。

第三节 厂内经济运行模型

厂内经济运行本质是对厂内负荷进行分配，具体包括两个部分，其一是确定用于分配负荷的机组组合，其二是在确定的机组组合中完成负荷分配任务。第一部分关于如何选定机组组合，将在第四节进行详细介绍。本节主要介绍在固定机组组合下的负荷分配过程，按照是否考虑前一时段机组状态，负荷分配问题又可以分为静态分配与动态分配。

一、负荷静态分配模型

负荷分配的基本思想是根据给定的负荷要求，以时段耗水流量最小为目标，在确定的机组组合下，进行各机组的优化负荷分配。其中静态分配的耗水流量只考虑机组的发电耗水。

优化目标函数如下：

$$F = \min \sum_{i=1, i \notin K}^{n} X_{i,t} Q_{i,t}(N_{i,t}, H_t) \tag{9-1}$$

式中：n 为机组台数；K 为由于故障或机组检修等原因，不参与经济运行的机组编号集合；$X_{i,t}$ 为 i 号机组在 t 时段的开机状态，开机取 1，停机取 0；$Q_{i,t}(N_{i,t}, H_t)$ 为水头为 H_t 时，第 i 台机组承担负荷 $N_{i,t}$ 的耗水流量，可由机组的 NHQ 曲线查得。

约束条件如下。

1. 负荷平衡约束

$$N_t = \sum_{i=1}^{n} N_{i,t} \tag{9-2}$$

式中：N_t 为电站在时段 t 所承担的电网负荷指令任务；$N_{i,t}$ 为机组 i 在时段 t 的出力。

2. 振动区约束

为避免机组在振动区内运行而对机组造成损坏，需要避开振动区。假设机组在某水头下存在 j 个振动区，振动区约束示意如图 9-2 所示。

$$\left. \begin{array}{l} N_{i,t,j}^{L} \leqslant N_{i,t} \leqslant N_{i,t}^{\max} \\ N_{i,t,k-1}^{U} \leqslant N_{i,t} \leqslant N_{i,t,k}^{L} \\ N_{i,t}^{\min} \leqslant N_{i,t} \leqslant N_{i,t,1}^{L} \end{array} \right\} \quad (k=2,3,\cdots,j) \tag{9-3}$$

式中：$N_{i,t}^{\max}$、$N_{i,t}^{\min}$ 分别为机组 i 在时段 t 出力的上下限；$N_{i,t,k}^{U}$、$N_{i,t,k}^{L}$ 分别为机组 i 在时段 t 的第 k 个振动区的上下限。

3. 机组出力约束

$$N_i = N(H_i, Q_i) \tag{9-4}$$

式中：N_i、H_i、Q_i 分别为机组 i 的发电出力、发电水头以及发电流量，由机组 NHQ 曲线计算。

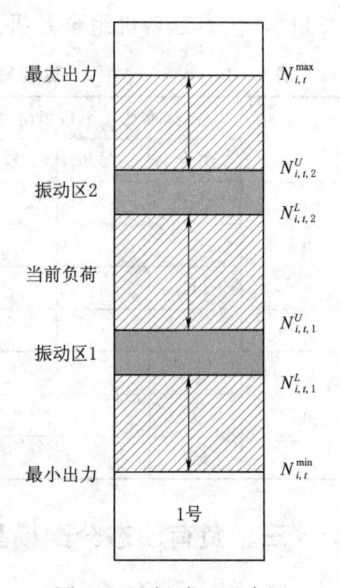

图 9-2 振动区示意图

4. 库容曲线约束

$$Z_{t+1} = f_{ZV}(V_{t+1}) \tag{9-5}$$

式中：库水位 Z_{t+1} 及库容 V_{t+1} 需满足库容曲线函数 f_{ZV}。

5. 水量平衡方程

$$V_{t+1} = V_t + (I_t - Q_t - QW_t)\Delta t \tag{9-6}$$

式中：V_{t+1}、V_t 分别为电站在时段 t 的初末库容；I_t、Q_t、QW_t 分别为时段 t 的入库流量、发电流量和其他出库流量。

6. 库容约束

$$V_t^{\min} \leqslant V_t \leqslant V_t^{\max} \tag{9-7}$$

式中：$V_t^{\min}$、$V_t^{\max}$ 分别为时段 t 水库允许的最小和最大库容。

7. 出库流量约束

$$Q_t^{\min} \leqslant Q_t \leqslant Q_t^{\max} \tag{9-8}$$

式中：$Q_t^{\min}$ 为时段 t 水库需要下泄的最小流量，一般由下游河道的生态需求控制；$Q_t^{\max}$ 为时段 t 水库允许下泄的最大流量，一般为保证水库自身以及下游河道的防洪安全。

二、静态负荷分配表

静态分配旨在建立不同水头下不同负荷值的最优静态负荷分配表，在实际运行中通过查找、调取发电负荷在表中对应的分配方案，来确定当前时刻各机组的最优运行方案。

由于实时运行过程中，开停机组合方式是不确定的，因此在制作站内负荷静态分配表时，需要遍历所有可行的机组组合，为了增加算法的适用性以及机组组合方式的直观，采用二进制标记机组组合方式，不进行人工标记。

以某电站有三台机组，则机组组合的方式有 7 种，定义组合方式的序号为序号 1～7。其中序号 1 转化为二进制为"001"，代表 1 号、2 号机组停机、3 号机组开机，序号 3 转化为二进制为"011"，代表 1 号机组停机，2 号、3 号机组开机，序号 7 转化为二进制位"111"，代表三台机组全开机。绘制的静态负荷分配表见表 9-1。

表 9-1　　　　某电站最优静态负荷分配表（以耗水流量为目标）

		水头 1 下机组出力分配			…	水头 n 下机组出力分配				耗水流量
	组合	1 号机	2 号机	3 号机	…	组合	1 号机	2 号机	3 号机	
负荷 1	001					001				
	…					…				
	111					111				
…										
负荷 3	001					001				
	…					…				
	111					111				

三、负荷动态分配模型

静态分配方式只关注负荷分配结果对当前阶段的影响，耗水流量的目标只计算了发电耗水，忽略了时段间因负荷波动产生的开停机耗水、穿越振动区等对分配结果的影响。为了保证负荷分配结果的可靠性，需要研究负荷的动态分配过程。

相比于静态分配，动态分配的耗水流量除了发电耗水以外，还考虑了由于开停机以及穿越振动区的惩罚耗水部分。目标函数如下：

$$F = \min \sum_{i=1, i \notin K}^{n} X_{i,t} Q_{i,t}(N_{i,t}, H_t) + X_{i,t}(1 - X_{i,t-1}) Q_{open,i} + X_{i,t-1}(1 - X_{i,t}) Q_{close,i} + C_i Q_{fa,i}$$
(9-9)

式中：$Q_{open,i}$、$Q_{close,i}$ 分别为第 i 台机组的开机和停机耗水；C_i 为第 i 台机组负荷由 $N_{i,t-1}$ 调至 $N_{i,t}$ 后穿越振动区次数；$Q_{fa,i}$ 为对应穿越振动区的惩罚耗水。

约束条件在静态负荷分配的基础上也增加了爬坡以及开停机时间两个约束，具体如下。

1. 爬坡约束

$$|N_{i,t} - N_{i,t-1}| \leqslant \Delta N_i \tag{9-10}$$

式中：ΔN_i 为机组 i 单时段最大出力升降限制。

2. 开停机时间约束

$$T_{k,off}^t \geqslant T_{k,down}^t, T_{k,on}^t \geqslant T_{k,up}^t \tag{9-11}$$

式中：$T_{k,off}^t$、$T_{k,on}^t$ 分别为机组 k 截至时段 $t-1$ 的持续停机时间和持续开机时间；$T_{k,down}^t$、$T_{k,up}^t$ 分别为机组 k 的最短停机时间和最短开机时间。

在机组爬坡约束控制下，机组静态的可行空间也与动态可行空间存在差异，图 9-3 和图 9-4 分别是静态可行空间和动态可行空间的示意图。

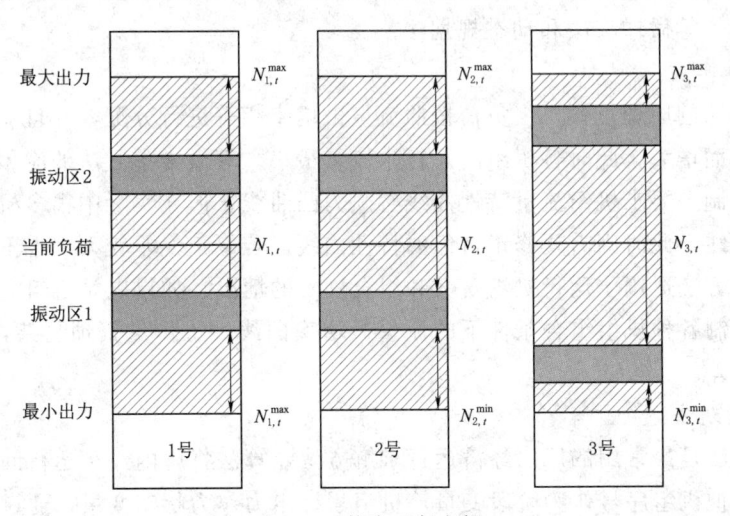

图 9-3 静态可行空间

上图中灰色区域为机组的振动区，$N_{i,t}^{min}$，$N_{i,t}^{max}$ 为第 i 台机组的最小、最大负荷（可行下限、上限出力），$N_{i,t}$ 为第 i 台机组当前负荷，阴影部分为机组的可行空间，黑色箭

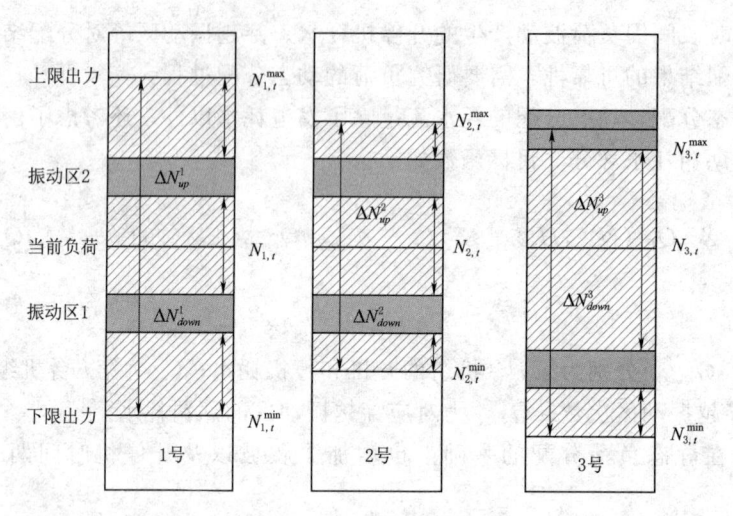

图 9-4 动态可行空间

头为机组的爬坡能力。从图 9-3~图 9-4 中可以看出，静态可行空间是在机组最小与最大出力之间扣除振动区，而动态可行空间由于考虑了机组的爬坡能力，其可行空间是振动区与爬坡上下限综合作用下的结果，同一负荷工况下，动态可行空间要比静态可行空间更小。

四、厂内经济运行模型求解方法

厂内经济运行问题涉及水库、电站多方面约束，水库水位会影响各机组的振动区，水头直接决定 NHQ 曲线查找的发电流量结果，而发电流量又反过来影响库区水位，同时还受到负荷平衡、检修计划、水库库容、下泄流量等多个约束，属于复杂多约束问题，常见的求解算法包括等微增率法和动态规划法。

1. 等微增率法

等微增率法的原理是各机组负荷按照流量微增率相等进行分配，并且流量微增率随机组出力的增加而增大，此时各机组的总耗水流量最小。等微增率方法的应用受到机组流量特性曲线的限制，要求机组流量特性曲线必须为凸曲线。但在实际中很多机组的流量特性曲线并非凸曲线，此时则需要修正机组的特性曲线，若修正误差较大，也不能采用等微增率法求解。该方法适用于运行机组台数和组合确定的情况，如果电站机组数量多且特性复杂，则需要绘制各种机组组合条件下的流量微增率曲线，工作量繁琐复杂，且精度不高，因此实用性较差。

2. 动态规划法

动态规划法是最常用的厂内经济运行求解方法，算法将厂内经济运行问题看作多阶段决策过程，把机组序号作为阶段变量，机组累计出力作为状态变量，通过逐一计算获取全局最优解，流程示意如图 9-5 所示，具体步骤如下：

步骤 1：根据水头确定各机组的所有可行出力空间。

步骤 2：以累计出力为状态变量，根据机组的可行出力空间，生成各阶段累计出力范围。

步骤3：设置步长，由各阶段累计出力范围生成状态离散点。以耗水流量最小为目标，采用动态规划算法从1号机组往N号机组进行遍历搜索。

步骤4：从N号机组往1号机组检索最优负荷的分配方案。

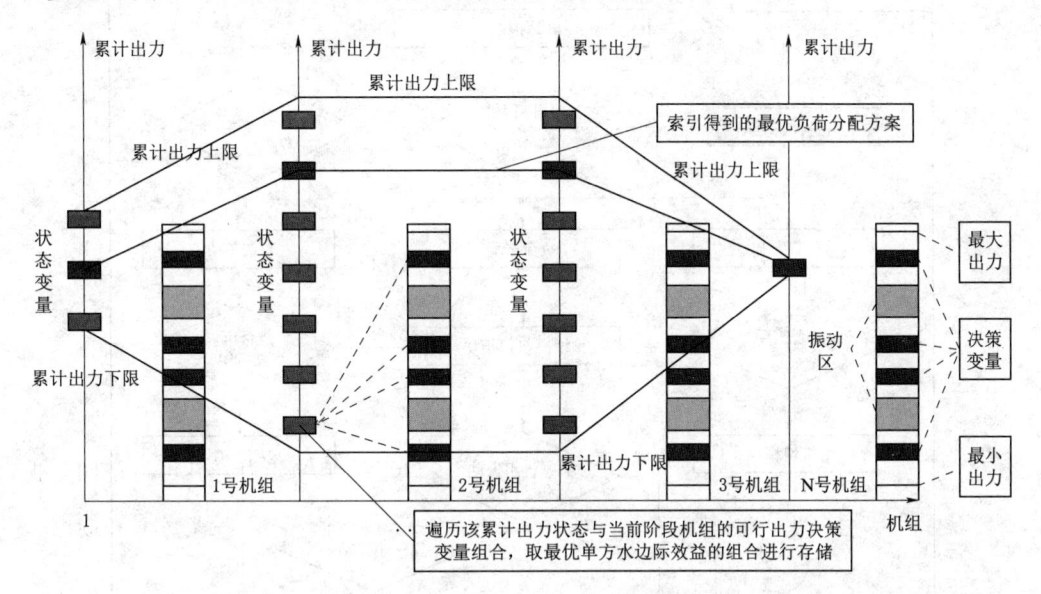

图9-5 动态规划算法方案求解厂内经济运行流程示意图

第四节 机组组合优选策略

一、遍历不同机组组合

对电站各个机组组合进行二进制标记，遍历各个可行机组组合，并按照第三节中固定机组下的负荷动态分配方式，进行负荷分配，最终输出多种可行的分配方案，以及各方案的评价指标，具体包括：耗水流量值，穿越振动区次数等，可供调度人员根据实际的偏好需求进行选择。遍历不同机组组合的方式，理论上能够获取厂内最优运行方案，但也存在以下几个问题：

(1) 遍历所有可行的机组组合，计算量大，难以满足负荷实时分配的需求。

(2) 需要人工根据各方案的评价结果进行选择，自动化程度不高。

(3) 容易出现小负荷波动造成机组大幅度调整的情况，一方面造成计算浪费，另一方面也与实际调度不符。

二、基于逻辑判断优选机组组合

由于遍历不同机组组合进行负荷分配存在诸多问题，因此需要综合考虑实际调度需求优选机组组合，具体需要遵循尽量避免负荷转移过大、尽量避免穿越振动区、尽量避免增减机组、尽量少开机组四个原则。按照负荷变化特性，引入多段逻辑判断策略，提出了负荷下降、负荷上升以及负荷平稳三种情景下的机组组合优选策略和负荷分配方法，如图9-6所示，具体如下：

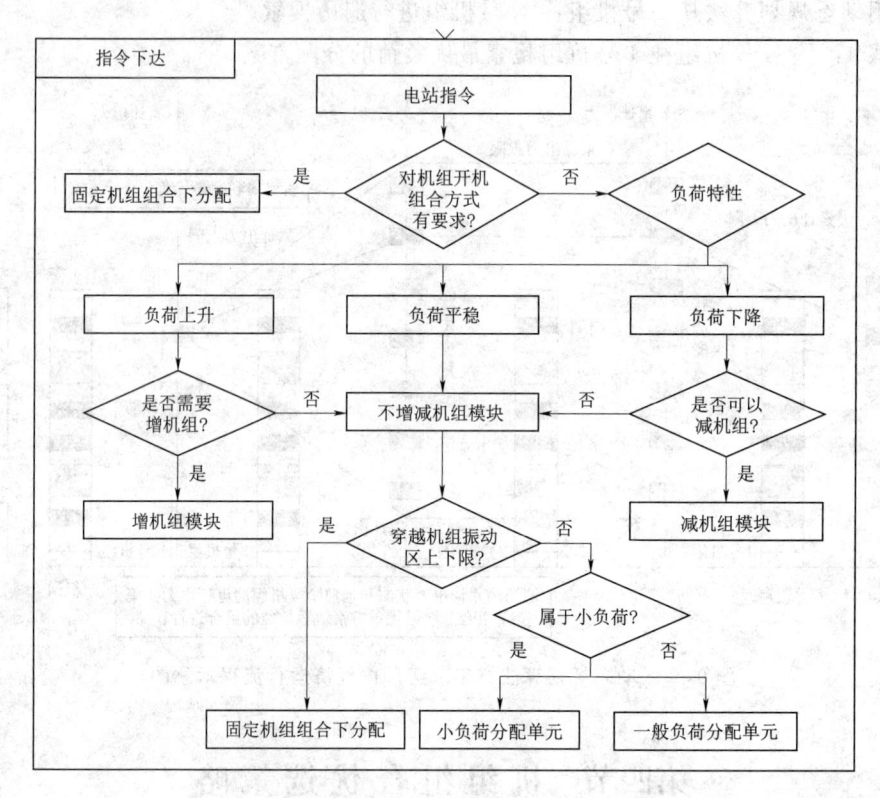

图9-6 基于逻辑判断的机组组合优选策略

（1）负荷下降时，优先进入减机组模块，判断当前开机机组是否可以关闭。若可以关闭，则尽量关闭机组；若不能关闭，则进入不增减机组模块。根据波动负荷的特点以及当前负荷的状态，不增减机组模块又包括一般负荷分配以及小负荷分配两个单元。

（2）负荷上升时，按照尽可能减机组的原则，先判断是否需要增机组。若可以不增机组，则进入不增减机组模块；否则进入增机组模块。

（3）负荷平稳时，直接进入不增减机组模块，并根据负荷波动进行小范围调整。

其中，为了避免机组频繁启停，减机组模块的策略是优先保证原关闭的机组维持关闭状态，在当前开启的机组中选择机组进行关闭。

不增减机组模块中的小负荷分配模块是相对于一般负荷而提出的，由于小负荷波动本身对耗水流量的结果影响较小，侧重的是分配方案的实用性，为了避免站内负荷大面积转移，应选择尽可能少的机组承担负荷变化，若一台机组能够承担则将变化负荷全部加在这一台机组上，若一台承担不了，则再加一台，依此类推。

当负荷指令超出现有机组的可行空间时，理论上是需要增加机组的，但一方面按照尽量少开机组的原则，能不开机组则不开，另一方面避免机组频繁启停，例如当前时段负荷上升，为了满足负荷平衡需求需要增开机组，但紧接着未来负荷立马降低，此时为了满足负荷需求，又需要关闭机组，此时需要结合具体调度偏好需求进行综合考虑。增加机组时，也尽量保证原开机机组正常开启，在原关机机组中选择合适机组进行开启。

思 考 题

1. 厂内经济运行的基本任务和主要内容是什么？
2. 编制负荷静态分配表的意义如何？
3. 基本特性曲线复核有哪些方式？
4. 负荷静态分配与动态分配具体差别在哪里？
5. 机组组合优选时有哪些需要注意的？

第十章 水风光多能互补系统调度

第一节 概 述

以水风光为主的可再生能源一体化开发是落实"双碳"目标的重要途径,《中华人民共和国国民经济和社会发展第十四个五年规划和2035年远景目标纲要》指出:大力提升风电、光伏发电规模,在金沙江上下游、雅砻江流域、黄河上游和几字湾、河西走廊、新疆、冀北、松辽等地区建设大型清洁能源基地。截至2021年年底,我国风电装机328GW、光伏装机306GW,预计到2030年,全国风光装机将达到1200GW以上,发电量占比约25%。探索水风光多能互补利用模式,保障水风光多能互补系统的安全稳定运行,是推进可再生能源一体化健康发展的重大实际需求。

风光电站受风速、太阳辐射、温度等众多自然因素的影响,出力具有显著的随机性、波动性、间歇性特性,增加了电网的调峰、调频压力,不利于电力系统的安全经济稳定运行,限制电网对风光的消纳。水电具有调节速度快、能源可存储等优点,能有效缓解新能源出力波动给电力系统带来的影响,同时与风、光出力具有较好的互补性。因此,将风电、光伏接入水电站,组成水风光多能互补系统,以充分利用流域水电站群的调节性能及其与风、光出力间的互补特性,形成较为稳定的水风光联合出力送出,是提升互补发电系统输电质量、提高多种能源的综合利用效率的创新模式。

本章针对水风光多能互补系统,深入分析水风光发电特性和互补性,构建不同目标下的水风光多能互补调度模型,建立科学的调度风险效益评价指标体系,能够为我国大规模水风光多能互补系统科学调度提供理论支撑。

第二节 水风光资源特性及出力互补性

一、水风光资源特性分析

1. 风资源特性

风是表示气流运动的物理量,由于大气存在压力差而形成。风能的主要利用方式是通过风机进行风力发电。风速受到多种因素的影响,如温度、气压、地形、海拔、纬度等,表现出很强的随机性,导致风电出力亦具有随机性特征。通常,可采用伽马分布、对数正态分布、瑞利分布、威布尔分布、布尔分布等概率分布模型来定量表征风速的随机性。其中,伽马分布是最早用于拟合风速分布的模型,模型将风速视为离散的随机变量;对数正态分布能消除数据中的异方差,避免数据变化带来的剧烈波动,总体上能说明风能资源分布规律,但它在低风速和高风速情形下的风速频率拟合效果较差;瑞利分布是威布尔分布

第二节 水风光资源特性及出力互补性

的一个特例,瑞利分布能够以适当的精度来描述风速的分布情况,它所需要的最重要参数是风速的平均值,当平均风速小于 4.5m/s 时,瑞利分布的可靠性较差;威布尔分布模型对不同形状的频率分布有很强的适应性,能较好地描述风速的分布,但不能拟合某些极端的风速分布。采用何种风速概率分布模型,要根据研究地区的风资源具体情况而定,其中,威布尔分布模型应用最为广泛,其概率密度函数为

$$f(v) = \frac{k}{c}\left(\frac{v}{c}\right)^{k-1}\exp\left[-\left(\frac{v}{c}\right)^k\right] \tag{10-1}$$

式中:v 为风速,m/s;k 为形状参数;c 为尺度参数。

2. 太阳能资源特性

太阳能是指太阳内部连续不断的核聚变反应过程产生的能量,通常采用到达地面的太阳辐射来表征太阳能资源。太阳能受地理因素(纬度、海拔、地形条件等)、天文因素(太阳常数、太阳高度角等)以及太阳辐射穿过大气层衰减程度的影响,不同区域、不同时间段的表现规律不尽相同。随着地球的公转和自转,日内以及年内的太阳辐射变化具有周期性。辐射强度在短时间内(小时尺度)可以近似服从贝塔分布。日尺度辐射强度的概率密度通常呈现双峰的特性,可采用二阶高斯概率分布来表示。对于长期(旬尺度或月尺度)太阳辐射的分布通常呈现单峰的特征。对于具体的研究区域,通常根据辐射实际情况,基于统计方法确定其概率分布模型。其中,常用的高斯分布模型的概率密度函数为

$$f(r) = \frac{1}{\sqrt{2\pi}\sigma}\exp\left[-\frac{(r-\mu)^2}{2\sigma^2}\right] \tag{10-2}$$

式中:r 为辐射强度,W/m^2;μ 为高斯分布的期望值;σ 为标准差。

3. 水能资源特性

水能是指水体包含的动能和势能等能量资源,主要利用方式为水力发电。对于某一具体流域而言,水能的特性规律主要取决于该流域的径流特征。径流的变化过程受到气候气象、自然地理和人类活动的影响,是高度复杂的非线性、非稳态过程,具有一定的随机性。对于径流随机性,通常利用皮尔逊三型分布模型(P-Ⅲ型)来刻画。P-Ⅲ型概率密度函数如式(10-3)所示:

$$f(x) = \frac{\beta^\alpha}{\Gamma(\alpha)}(x-a_0)^\alpha e^{-\beta(x-a_0)} \tag{10-3}$$

式中,$\Gamma(\alpha)$ 是 α 的伽马函数;α、β、a_0 是 P-Ⅲ型分布的形状、尺度和位置参数($\alpha>0$,$\beta>0$),与径流序列的均值 $\bar{x}$、变差系数 C_v、偏态系数 C_s 有如下所示关系:

$$\alpha = \frac{4}{C_s^2}; \beta = \frac{2}{\bar{x}C_v C_s}; a_0 = \bar{x}\left(1-\frac{2C_v}{C_s}\right) \tag{10-4}$$

二、水风光出力计算

1. 水电出力计算

水电站发电是通过水轮机将水能转化成机械能,带动同轴的发电机旋转进一步转化成电能的过程。水电站出力是指发电机组出线端送出的功率,与水轮机和发电机效率、发电流量以及发电水头有关,采用式(10-5)进行计算:

$$Nh_t = KQ_tH_t/1000 \tag{10-5}$$

式中：Nh_t 为 t 时段的水电站出力，MW；K 为水电站的出力系数；Q_t 为 t 时段的水电站发电流量，m³/s，即通过水电站水轮机的流量；H_t 为 t 时段的水电站发电的发电水头，m。

2. 风电出力计算

对于风力发电的计算，风电出力与风速大小和风电站风机的型号有关，通常可以通过式 (10-6) 计算。当风机处的风速达到切入风速（$v_{\text{cut-in}}$）时，风机开始运行发电；当风机达到额定风速（v_{rated}）时，风机出力为额定出力，风机在额定风速下的出力达到最大；当风机超过切出风速（$v_{\text{cut-off}}$）时，风机停止运行。

$$Nw_t = \begin{cases} 0 & [0, v_{\text{cut-in}}) \\ \left(\dfrac{v_t}{v_{\text{rated}}}\right)^3 \times Iw & [v_{\text{cut-in}}, v_{\text{rated}}) \\ Iw & [v_{\text{rated}}, v_{\text{cut-off}}) \\ 0 & [v_{\text{cut-off}}, +\infty) \end{cases} \tag{10-6}$$

式中：Nw_t 为 t 时段的风电出力，MW；v_t 为 t 时段的风速，m/s；Iw 为风电场的装机，MW。

3. 光伏出力计算

太阳能的大规模利用主要通过转化成电能来实现，包括光伏发电和光热发电。光伏发电为太阳能利用的主要形式，基本原理是光生伏打效应，利用光伏电池板组件将太阳能转化为电能。光伏电池板的出力受辐射强度、光伏组件性能和温度影响。光伏出力的计算如式 (10-7) 所示：

$$Ns_t = Ns_{stc}\dfrac{R_t}{R_{stc}}[1+\alpha(Tp_t - Tp_{stc})] \tag{10-7}$$

$$Tp_t = Tem_t + \dfrac{Tp_{noc} - Tp_{stc}}{R_{stc}}R_t \tag{10-8}$$

式中：Ns_t 为标准条件下单位装机光伏电池板的出力，MW；Ns_{stc} 为太阳能电池板的额定功率，MW；R_{stc} 为标准条件所对应的辐射强度，1000W/m²；Tp_{stc} 为标准条件所对应的温度，25℃；R_t 为 t 时刻实际的辐射强度，W/m²；α 为光伏电池板的功率温度系数；Tp_t 为光伏电池板 t 时刻的温度，℃，由于光伏电厂在规划阶段一般只会有测站的光照强度和气温数据资料，因此需要把 t 时刻的气温 Tem_t 换算为光伏电板 t 时刻的温度；Tp_{noc} 为光伏电池板的额定工作温度，一般取 48℃。

三、水风光出力互补性分析

水风光出力互补性通常指各类能源发电时出力波动性被平抑的水平。对于互补性的研究方法主要分为两种：一种是通过不同能源间的相关分析对其互补性进行评价，另一种是通过标准差、变异系数等指标衡量水风光联合出力的波动性来表征其互补性。基于相关分析的互补性评价通常适应于两种能源的情况，常见于水风、水光等互补性分析，如式 (10-9) 和式 (10-10) 所示。对于两种以上类型的能源，可通过联合出力与单独出力的波动性指标对比进行多能源互补性分析，分别计算风电出力、光伏出力、水电出力与风光水联合出力的波动量，根据风光水联合出力波动量对比各单独出力波动量的下降比例反应互补性的大小，如式（10-11）所示。

1. Pearson 相关性系数法

$$r_1 = \frac{\sum_{t=1}^{T}[Nh(t)-Nh_{av}][Nw(t)-Nw_{av}]}{\sqrt{\sum_{t=1}^{T}[Nh(t)-Nh_{av}]^2}\sqrt{\sum_{t=1}^{T}[Nw(t)-Nw_{av}]^2}} \quad (10-9)$$

$$r_2 = \frac{\sum_{t=1}^{T}[Nh(t)-Nh_{av}][Ns(t)-Ns_{av}]}{\sqrt{\sum_{t=1}^{T}[Nh(t)-Nh_{av}]^2}\sqrt{\sum_{t=1}^{T}[Ns(t)-Ns_{av}]^2}} \quad (10-10)$$

式中：r_1、r_2 分别为水电出力与风电出力、水电出力与光伏出力的 Pearson 相关系数，系数范围为 $[-1,1]$，越接近 -1，则互补性越强，越接近 1，则一致性越强；$Nw(t)$、$Ns(t)$ 和 $Nh(t)$ 分别为 t 时段的风电出力、光伏出力和水电出力，MW；Nh_{av}、Ns_{av} 和 Nw_{av} 分别为调度期内水电出力、风电出力和光伏出力的平均值，MW。

2. 水风光联合出力波动量

$$dw(t)=|Nw(t+1)-Nw(t)|$$
$$ds(t)=|Ns(t+1)-Ns(t)|$$
$$dh(t)=|Nh(t+1)-Nh(t)|$$
$$dc(t)=|Nw(t+1)+Ns(t+1)+Nh(t+1)-Nw(t)-Ns(t)-Nh(t)|$$
$$Cr=1-\frac{1}{T}\sum_{t=1}^{T}\frac{dc(t)}{dw(t)+ds(t)+dh(t)} \quad (10-11)$$

式中：$dw(t)$、$ds(t)$、$dh(t)$ 和 $dc(t)$ 分别为风电出力、光伏出力、水电出力在 $t+1$ 时段的出力值对比 t 时段的波动量，MW；Cr 为风光水联合出力波动量对比各单独出力波动量的下降比例，代表互补性，Cr 越大则互补性越大。

第三节　水风光多能互补系统长期调度研究

一、长期调度研究进展

水风光多能互补系统的长期调度通过利用风能、太阳能和水能资源的季节性分布特征和互补性来提高系统在长时间尺度的全景发电效益，通常以提高多能互补系统的整体发电量、发电保证率以及降低发电成本为目标。例如，李芳芳等（2016）提出了大型水光互补电站以发电量最大和互补出力波动性最小为目标的确定性多目标优化模型，针对龙羊峡水光互补工程，提出了丰、平、枯典型水文年的优化运行策略，为水光互补长期运行提供了技术指导。Singh 和 Banerjee（2017）建立了以发电成本最小为目标的水-火-光长期优化调度模型，并嵌套了短期优化调度模块，能够有效降低发电成本，但随着光伏出力渗透率的增加，发电成本降低幅度相应减小。Yang 等（2018）以最大化系统的发电量和发电保证率为目标建立了确定性水光互补优化调度模型，以指导水光互补长期运行，并基于隐随机优化方法，以各时段末的可用能量和水库库容作为自变量和决策变量，提出了水光混合发电系统的长期调度规则。Opan 等（2019）以发电量最大为目标开展了水-风长期优化调度研究，并对比了水风联合、水风独立以及无风电三种运行情景，结果表明前两者发电量类似，且均高于无风电情景。除了考虑经济方面的目标，刘为峰等（2019）在对水风光系统优化调度研究中纳入了水电站对河流生态系统的影响，建立了以总发电量最大、最小出力最大、年度流量偏差比例最小为目标的水风光长期多目标优化调度模型，运行结果显示水风光多能发电系统发电效益与水电站下游河流生态效益之间存在显著竞争关系。

总体上，长期调度旨在利用水能、风能、光能资源的季节性分布规律和互补特性，提高互补发电系统在长时间尺度的全景发电效益，为短期调度提供能够兼顾系统长远效益的边界条件，保证发电系统在长时间运行中效益相对较优。

二、长期调度常见模型

（一）模型目标

水风光多能互补系统长期调度通常关注系统在较长时期的电量效益，其调度目标主要包括发电量最大、发电收益最大、最小出力最大、发电保证率最高等方面。

1. **发电量最大目标**

$$E = \max\left\{\sum_{i=1}^{n}\sum_{t=1}^{T}(Nh_{i,t} + Nw_{i,t} + Ns_{i,t})\Delta t/10^5\right\} \quad (10-12)$$

式中：E 为调度期的水风光多能互补系统的累计电量，亿 kW·h；$Nh_{i,t}$、$Nw_{i,t}$ 和 $Ns_{i,t}$ 分别为第 i 个水电站及其接入的风光电站在时段 t 的水电出力、风电出力和光伏出力，MW；n 为水电站个数；T 为时段数；Δt 为时段长度，h。

2. **发电收益最大目标**

$$W = \max\left\{\sum_{i=1}^{n}\sum_{t=1}^{T}(Nh_{i,t} \times C_h + Nw_{i,t} \times C_w + Ns_{i,t} \times C_s) \times \Delta t\right\} \quad (10-13)$$

式中：W 为水风光多能互补系统的发电收益；C_h、C_w 和 C_s 分别为时段 t 水电、风电和光电的上网电价。

3. **最小出力最大目标**

$$N_{NP} = \max\left\{\min\sum_{i=1}^{n}\sum_{t=1}^{T}(Nh_{i,t} + Nw_{i,t} + Ns_{i,t})\right\} \quad (10-14)$$

式中：N_{NP} 为多能互补系统在整个调度期内的总最小出力值，MW。

4. **发电保证率最高目标**

$$\max P = \max\left\{\frac{\sum_{t=1}^{T}\#(N_t \geqslant N^{\min})}{T} \times 100\%\right\} \quad (10-15)$$

式中：P 为发电保证率；N_t 为多能互补系统在时段 t 的系统总出力；$N^{\min}$ 为多能互补系统最小出力要求；$\#(\cdot)$ 表示多能互补系统的系统总出力满足最小出力要求时为 1，否则为0。

(二) 模型约束条件

约束条件包括水量平衡约束、库容约束、流量约束、电站出力约束、电网传输能力约束等。

1. 水量平衡约束

$$s_{i,t+1} = s_{i,t} + \left(I_{i,t} + \sum_{j \in \psi_i} r_{j,t} - r_{i,t}\right)\Delta t \tag{10-16}$$

$$r_{i,t} = Q_{i,t} + d_{i,t} \tag{10-17}$$

式中：ψ_i 为与水库 i 有直接水力联系的上游水库集合；$I_{i,t}$ 为水库 i 在时段 t 的天然入库流量，m^3/s；$r_{i,t}$ 为水库 i 在时段 t 的泄流量，m^3/s；$Q_{i,t}$、$d_{i,t}$ 分别为水库 i 在时段 t 的发电流量和弃水量，m^3/s。

2. 库容约束

$$s_{i,t}^{\min} \leqslant s_{i,t} \leqslant s_{i,t}^{\max} \tag{10-18}$$

式中：$s_{i,t}^{\min}$、$s_{i,t}^{\max}$ 分别为水库 i 在时段 t 初允许的最小库容和最大库容，亿 m^3。

3. 流量约束

$$r_{i,t}^{\min} \leqslant r_{i,t} \leqslant r_{i,t}^{\max} \tag{10-19}$$

$$Q_{i,t} \leqslant Q_i^{\max} \tag{10-20}$$

式中：$r_{i,t}^{\min}$、$r_{i,t}^{\max}$ 分别为水库 i 在时段 t 允许的下泄流量的下限和上限，m^3/s；$Q_i^{\max}$ 为水电站 i 的过机流量，m^3/s。

4. 水电站出力约束

$$Nh_i^{\min} \leqslant Nh_{i,t} \leqslant Nh_i^{\max} \tag{10-21}$$

式中：$Nh_i^{\max}$、$Nh_i^{\min}$ 分别为第 i 个水电站出力的上、下限，MW。

5. 风电站出力约束

$$Nw_i^{\min} \leqslant Nw_{i,t} \leqslant Nw_i^{\max} \tag{10-22}$$

式中：$Nw_i^{\max}$、$Nw_i^{\min}$ 分别为第 i 个风电场出力的上、下限，MW。

6. 光伏电站出力约束

$$Ns_i^{\min} \leqslant Ns_{i,t} \leqslant Ns_i^{\max} \tag{10-23}$$

式中：$Ns_i^{\max}$、$Ns_i^{\min}$ 分别为第 i 个光伏电站出力的上、下限，MW。

7. 电网传输能力约束

$$Nh_{i,t} + Nw_{i,t} + Ns_{i,t} \leqslant Tr_{i,\max} \tag{10-24}$$

式中：$Tr_{i,\max}$ 为第 i 个水电站及接入风光电站对应通道的输送能力，MW。

第四节　水风光多能互补系统短期调度研究

一、短期调度研究进展

短期调度通常基于长期调度提供的水量、电量控制条件来指导电站实时运行，一般以保证电网、电源安全稳定，平抑风光出力波动性等为目标。与中长期不同，时间尺度越短，风光随机性和间歇性特征越显著。为使得出力更加平稳，电力系统将光伏发电和抽水蓄能电站集成，先通过抽水蓄能电站调蓄风光不确定性，然后一起打捆输送至电网，但互补运行方式必须配套投资高昂的抽蓄电站。与之相比，常规大水电调蓄能力强，在对电网峰荷调节、平滑风光锯齿形出力曲线等方面更加有效，能够输出更加稳定的联合总出力。目前，短期多能互补调度的目标主要集中于出力波动性最小、新能源利用率最大、耗水量最小、运行成本最低等方面。为保证电网的稳定高效运行，通常要尽可能地减小发电系统出力波动并使得出力尽量靠近负荷曲线。王现勋（2019）以系统总出力波动最小为目标建立了水风光互补的双层调度模型，以填补小时尺度出力波动以及减轻日内峰谷差异。王开艳（2020）针对由风电、抽水蓄能、水电和火电组成的多能互补系统协调运行问题，加入了风电入网后负荷波动最小的目标。张歆蒴（2020）考虑到电源侧出力与电网侧负荷的匹配度，建立了以最大源荷匹配度为目标的水光互补短期调度模型。考虑到发电系统的经济运行，熊铜林等（2017）和 Ghasemi（2018）通过最小化发电系统的运行成本，得到水风光多能互补系统的优化调度策略。Apostolopoulou（2019）开发了以各时段的发电水头之和最大以及水电弃水量最小为目标的梯级水-光互补短期多目标优化调度模型，结果表明该模型获得的优化调度策略优于与每个水电站的最大容量成比例的调度策略。Yang（2020）则以耗水量最小为目标，考虑到机组的性能差异建立了风水互补系统的厂内经济运行模型。另外，为增加新能源的接入比例，王学斌（2018）以风光出力消耗比例最大为目标建立多能互补调度模型，通过合理的水电调度提高新能源的消纳。李铁等（2020）针对调峰问题，提出一种水风光火储多能系统协调优化调度策略，通过利用储能装置削峰填谷特性和火电机组深度调峰能力，降低负荷峰谷差，提高系统可再生能源的消纳空间。

总体上，短期调度通常基于长期调度提供的边界条件进行建模求解，短期调度由于尺度精细具有可操作性，可根据方案实施后的实况反馈至长期调度，便于长期调度动态调整后续阶段的方案。

二、短期调度常见模型

（一）模型目标

为使得水风光互补系统安全稳定运行，短期调度目标主要集中在出力波动性最小、源荷匹配度最大、耗水量最小等方面。

1. 系统总出力波动性最小目标

$$\min \rho = \sqrt{\frac{\sum_{t=1}^{T}\left(\sum_{i=1}^{n}(Nh_{i,t} + Nw_{i,t} + Ns_{i,t}) - \overline{N}\right)^2}{T-1}} \quad (10-25)$$

式中：ρ 为系统总出力波动性指标，ρ 越小，出力越稳定；$Nh_{i,t}$、$Nw_{i,t}$ 和 $Ns_{i,t}$ 分别为第 i 个水电站及其接入的风光电站在时段 t 的水电出力、风电出力和光伏出力，MW；$\overline{N}$ 为系统在调度期内的总出力平均值，MW；n 为水电站个数；T 为时段数。

2. 最大源荷匹配度目标

$$\max \theta = \alpha_1 \delta_P + \alpha_2 \delta_G^{-1} \quad (10-26)$$

$$\delta_P = \frac{\sum_{t=0}^{T}(P_{L,t}-\overline{P_L})(N_{D,t}-\overline{N_D})}{\sqrt{\sum_{t=0}^{T}(P_{L,t}-\overline{P_L})^2}\sqrt{\sum_{t=0}^{T}(N_{D,t}-\overline{N_D})^2}} \quad (10-27)$$

$$\delta_G = \sqrt{\frac{1}{T}\sum_{t=0}^{T}(C_{G,t}-\overline{C_G})^2} \quad (10-28)$$

$$C_{G,t} = P_{L,t} - N_{D,t}, \overline{C_G} = \frac{1}{T}\sum_{t=1}^{T}C_{G,t}, \alpha_1+\alpha_2=1 \quad (10-29)$$

式中：δ_P 为荷源追踪系数；δ_G 为荷源波动系数；$P_{L,t}$ 为时段 t 电网负荷；$\overline{P_L}$ 为消纳水风光能源电力的负荷平均值；$N_{D,t}$ 为水风光能源的总出力；$\overline{N_D}$ 为水风光能源的总出力平均值；$C_{G,t}$ 为时段 t 的剩余负荷；$\overline{C_G}$ 为平均剩余负荷；α_1、α_2 为对应指标权重系数。

3. 耗水量最小目标

$$Qs_t = \min \sum_{i=1}^{n} Q_{i,t} \quad (10-30)$$

式中：Qs_t 为梯级水库在时段 t 的总发电流量，m^3/s；$Q_{i,t}$ 为水库 i 在时段 t 的发电流量，m^3/s。

4. 风光出力消纳最大目标

$$\max N_{ws} = \sum_{i=1}^{n}\sum_{t=1}^{T} Nw_{i,t} + \sum_{i=1}^{n}\sum_{t=1}^{T} Ns_{i,t} \quad (10-31)$$

式中：N_{ws} 为系统风光出力消纳量，MW。

(二) 模型约束条件

为实现多尺度调度模型的嵌套，短期优化调度模型除了需要满足长期优化调度模型中各种约束外，还需要满足长期优化调度模型提供的末水位边界条件，以及水电站的爬坡约束。

1. 水位边界条件约束

$$Z_{i,t''} = \underline{Z}_{i,t+1} \quad (10-32)$$

式中：$Z_{i,t''}$ 为短期优化调度模型以 t 为调度期，水库 i 在调度期末的水位，m；$\underline{Z}_{i,t+1}$ 为长期优化调度模型提供的 $t+1$ 时段初水库 i 的控制水位，m。

2. 水电站出力爬坡约束

$$|Nh_{i,t} - Nh_{i,t+1}| \leqslant UR_i \quad (10-33)$$

式中：UR_i 为水电站 i 的出力爬坡约束，MW。

第五节 水风光多能互补系统调度风险效益评价

风光接入水电系统能有效提高发电系统的效益，但是风光出力的波动性、随机性、间歇性特征显著，大规模风光并网将使得水电机组频繁切换工况以维持负荷指令，面临着机组磨损加剧、上下游水位波动失稳等问题，显著增加弃电以及失负荷等情况，给互补系统安全稳定运行带来风险。本节从经济性和可靠性两个方面提出水风光多能互补系统调度运行风险和效益评价指标体系。

一、经济性评价指标

经济性评价可分为成本评估和效益评估两部分，成本评估通常采用年总成本、平准化能源成本等指标，效益评估通常采用发电效益、净现值、内部收益率等指标。

1. 年总成本

$$C_T = C_{cpt} + C_{Mtn} \tag{10-34}$$

式中：C_T 为互补系统年总成本；C_{cpt} 为互补系统年投资成本；C_{Mtn} 为互补系统年维护费用。

2. 平准化能源成本

$$LCOE = \left\{ \sum_{t=1}^{T} \frac{CAPEX_t + OPEX_t + TAX_t}{(1+i)^t} \right\} / \left\{ \sum_{t=1}^{T} \frac{[C \times H \times (1-O_u)]_t}{(1+i)^t} \right\} \tag{10-35}$$

式中：$LCOE$ 为平准化能源成本；$CAPEX_t$ 为初始投资成本的年度价值，包括自有资金、贷款和折旧；$OPEX_t$ 为运营维护成本的年度价值，包括保险费、维修费、人工费等；TAX_t 为应缴年度税，包括销售税、增值税、土地税等；C 为装机容量；H 为年利用小时数；O_u 为自我用电率；T 为系统的运行寿命；i 为折现率。

3. 互补系统总发电效益

$$W = \sum_{t=1}^{T} (Nh_t \times C_h + Nw_t \times C_w + Ns_t \times C_s) \times \Delta t \tag{10-36}$$

式中：W 为水风光多能互补系统的总发电效益；Nh_t、Nw_t、Ns_t 分别为时段 t 水电、风电和光电出力；C_h、C_w、C_s 分别为时段 t 水电、风电和光电的上网电价。

4. 净现值

$$NPV = \sum_{t=1}^{T} (CI - CO)_t / (1+i)^t \tag{10-37}$$

式中：CI 为每年的现金流入；CO 为每年的现金支出。

5. 内部收益率

$$\sum_{t=1}^{T} (CI - CO)_t / (1 + IRR)^t = 0 \tag{10-38}$$

式中：IRR 为互补系统内部收益率。

二、可靠性评价指标

可靠性评价可从电源侧和电网侧两个方面进行。在电源侧，考虑到水库和电站的安全稳定运行，常用的指标包括系统出力稳定性、水库水位波动性、下泄流量稳定性、弃水风险、弃电风险。在电网侧，主要考虑系统供电可靠性，通常关注负荷指令的满足程度，主要包括失负荷概率、累积缺负荷时长、累积缺失电量等指标。

第五节 水风光多能互补系统调度风险效益评价

1. 系统出力稳定性

通常采用出力差异系数 CV_N 作为互补系统出力稳定性的评价指标,见式(10-39):

$$CV_N = \frac{\sqrt{\frac{1}{T}\sum_{t=1}^{T}(N_t - \overline{N})^2}}{\overline{N}} \tag{10-39}$$

式中:N_t 为第 t 时刻水风光互补系统的出力;$\overline{N}$ 为出力序列平均值。

2. 水库水位波动性指标

水位波动主要表现为水库水位的变化速率,以前后评价时段水库水位差值绝对值的最大值作为评价指标,见式(10-40):

$$\nabla Z_{\max} = \max_{t=1,2,\cdots,T} \frac{|Z_t - Z_{t-1}|}{\Delta t} \tag{10-40}$$

式中:Z_t、Z_{t-1} 分别为第 t 时刻和第 $t-1$ 时刻水库水位。

3. 下泄流量稳定性指标

与出力差异系数相似,通常以下泄流量差异系数 CV_r 作为评价指标,评估下泄流量稳定性,见式(10-41):

$$CV_r = \frac{\sqrt{\frac{1}{T}\sum_{t=1}^{T}(r_t - \overline{r})^2}}{\overline{r}} \tag{10-41}$$

式中:r_t 为第 t 时刻水库下泄流量;$\overline{r}$ 为下泄流量序列平均值。

4. 弃水风险

通常将水电站在当前时段出力决策下,满足水位控制约束且不弃水的最大入库流量对应的径流频率作为弃水风险指标。

$$\theta = f[Q_t + \Delta(Z_t, Z_{\text{end}})/\Delta t] \tag{10-42}$$

式中:Q_t 为 t 时段出力决策对应的发电流量;Z_t 为 t 时段初水库水位;Z_{end} 为时段末控制水位;$\Delta(Z_t, Z_{\text{end}})$ 为库水位到时段末控制水位之间的库容差;函数 $f(Q)$ 为 t 时段相应的径流频率曲线。

5. 弃电风险

通常采用风光新能源弃电概率作为弃电风险的评价指标。

$$WPCP_t = P[\underline{R_t} < -(\varepsilon_t^d - \varepsilon_t^w - \varepsilon_t^{pv})] \tag{10-43}$$

式中:$WPCP_t$ 为 t 时段的弃电风险;$\underline{R_t}$ 为系统下备用容量;ε_t^d、ε_t^w、ε_t^{pv} 分别为 t 时段负荷预测误差、风电出力预测误差、光伏出力预测误差。

6. 失负荷概率

失负荷概率 L_c 为系统不能满足负荷需求的概率,即未达到负荷需求的评价时段数占总评价时段数的比例,其大小可表示互补系统的供电可靠性。

$$L_c = \frac{1}{T}\sum_{t=1}^{T}\delta_t \times 100\% \tag{10-44}$$

$$\delta(t) = \begin{cases} 1 & N_t^z - N_t^{z'} \geq \varepsilon \\ 0 & N_t^z - N_t^{z'} < \varepsilon \end{cases} \tag{10-45}$$

$$N_t^{z'} = N_t^{w'} + N_t^{s'} + N_t^{h'} \tag{10-46}$$

式中：δ_t 为判断互补系统是否满足发电计划的量度，若满足记为 0，否则记为 1；ε 为出力允许精度；N_t^z、$N_t^{z'}$ 分别为第 t 时段负荷需求、互补系统实际出力；N_t^w、$N_t^{s'}$、$N_t^{h'}$ 分别为第 t 时段风电、光伏、水电实际出力。

7. 累积缺负荷时长

累积缺负荷时长 L_s 是指评价时段内未达到负荷需求的评价时段总和，其值越大表示缺电时长越长，对用电端造成的损失越大。

$$L_s = \sum_{t=1}^{T} \delta_t \tag{10-47}$$

8. 累积缺失电量

累积缺失电量 J_s 是指评价时段内未达到负荷需求的发电量缺额之和，是累积缺负荷时长与对应时段内负荷缺失深度的乘积，其值越大表示互补系统供电能力越不足，需增加发电量。

$$J_s = \sum_{t=1}^{T} \delta_t \times (N_t^z - N_t^{z'}) \times \Delta t \tag{10-48}$$

思 考 题

1. 为什么要进行水风光多能互补工程的建设？
2. 试分析风电、光电、水电之间的互补性。
3. 水风光多能互补系统调度在不同时间尺度上需要关注什么问题？
4. 可以从哪些方面评估水风光多能互补系统的风险和效益？
5. 我国需要哪些措施推动水风光多能互补系统的建设和发展？

参 考 文 献

[1] 方国华. 水资源规划及利用（原水利水能规划）[M]. 3版. 北京：中国水利水电出版社，2015.
[2] 陈森林. 水电站水库运行与调度 [M]. 北京：中国电力出版社，2008.
[3] 武鹏林，霍德敏，马存信，等. 水利计算与水库调度 [M]. 北京：地震出版社，2000.
[4] 成鹏飞，方国华，黄显峰. 基于改进人工蜂群算法的水电站水库优化调度研究 [J]. 中国农村水利水电，2013（4）：109-112.
[5] 李益民，段佳美. 水库调度 [M]. 北京：中国电力出版社，2002.
[6] 方国华，黄显峰. 多目标决策理论、方法及其应用 [M]. 2版. 北京：科学出版社 2019.
[7] 朱岐武，拜存有. 水文与水利水电规划 [M]. 郑州：黄河水利出版社，2003.
[8] 黎国胜. 工程水文与水利计算 [M]. 武汉：武汉大学出版社，2009.
[9] 孟佳. 水电生态调度模式优化刍议 [J]. 水电与新能源，2014（7）：75-78.
[10] 邹进. 水资源系统运行与优化调度 [M]. 北京：冶金工业出版社，2006.
[11] 赵立远，陈智梁，陈洪波. 水电站中长期发电调度理论研究 [J]. 水利水电技术，2010，41（6）：80-83.
[12] 赵静飞，刘攀，李立平. 两阶段优化在水库调度图中的应用研究 [J]. 水资源研究，2012（1）：7-13.
[13] 陈廷涛，李祥龙. 水电站水库调度综述 [J]. 黑龙江水利科技，2012，40（3）：135-138.
[14] 钟琦，张勇传. 水电站径流调节和水库调度图的计算方法的研究 [J]. 人民长江，1987（12）：27-33.
[15] 谭维炎，徐贯午. 应用动态规划法绘制水库发电调度图 [J]. 水利水电技术，1979（8）：6-12.
[16] 刘卓也，芦晓峰，魏玉成. 水库防洪调度研究 [J]. 安徽农业科学，2007，35（3）：939-942.
[17] 谭跃进. 系统工程原理 [M]. 北京：科学出版社，2010.
[18] 葛永明. 最大削峰准则在水库防洪优化调度中的应用 [J]. 浙江水利科技，2005，33（5）：47-48.
[19] 拉森，卡斯梯. 动态规划原理基本分析及计算方法 [M]. 北京：清华大学出版社，1984.
[20] 朱德通. 运筹学 [M]. 上海：上海人民出版社，2002.
[21] 薛毅. 最优化原理与方法 [M]. 北京：北京工业大学出版社，2001.
[22] 郭玉雪，张劲松，郑在洲，等. 南水北调东线工程江苏段多目标优化调度研究 [J]. 水利学报，2018，49（11）：1313-1327.
[23] 郭玉雪，方国华，闻昕，等. 水电站分期发电调度规则提取方法 [J]. 水力发电学报，2019，38（1）：20-31.
[24] 方国华，陆范彪，刘飞飞，等. 平原坡水区梯级闸站联合优化调度研究 [J]. 南水北调与水利科技，2018，16（3）：135-142.
[25] 方国华，郭玉雪，闻昕，等. 改进的多目标量子遗传算法在南水北调东线工程江苏段水资源优化调度中的应用 [J]. 水资源保护，2018，34（2）：34-41.
[26] 杨胜意，陈本田，李辉. 用动态规划法对水库进行优化调度 [J]. 河南水利与南水北调，2004，23（2）：23-23.
[27] 郭生练，陈炯宏，刘攀，等. 水库群联合优化调度研究进展与展望 [J]. 水科学进展，2010，21（4）：496-503.
[28] 石琦，李承军，王金文. 遗传算法在电力系统日有功优化调度中的应用 [J]. 电力系统及其自动化学报，2002，14（2）：56-59.
[29] 封梅，吕春光，王振吉，等. 机组负荷最优分配问题的动态规划模型 [J]. 新技术新工艺，

2008 (9): 33-35.

[30] 李丹, 陈森林, 张祖鹏. 水电站厂内经济运行模型研究 [J]. 中国农村水利水电, 2009 (8): 148-150.

[31] 樊福而, 刘庆国. 用动态规划优化水火电力系统的经济运行 [J]. 华北电力学院学报, 1983 (2): 1-28.

[32] 王彩华. 模糊论方法学 [M]. 北京: 中国建筑工业出版社, 1988.

[33] 王本德, 程春田, 周惠成. 水库调度模糊优化方法理论与实践 [J]. 人民长江, 1999, 30 (A1): 16-18.

[34] 郭立山. 观音阁水电站运行优化方案研究 [J]. 水利水电技术, 2003, 34 (6): 47-49.

[35] 中华人民共和国水利部. 水库洪水调度考评规定 [M]. 北京: 中国水利水电出版社, 1999.

[36] 蔡其华. 充分考虑河流生态系统保护因素完善水库调度方式 [J]. 中国水利, 2006 (2): 14-17.

[37] 方国华, 丁紫玉, 黄显峰, 等. 考虑河流生态保护的水电站水库优化调度研究 [J]. 水力发电学报, 2018, 37 (7): 1-9.

[38] 沈景文, 张瑞佟. 关于水利水电工程的环境影响问题 [J]. 环境科学丛刊, 1987, 8 (1): 66-69.

[39] Copeman, V. A. The Impact of Micro-Hydropower on the Aquatic Environment [J]. Water & Environment Journal, 1997, 11 (6): 431-435.

[40] 方国华, 王雪, 方应学, 等. 基于改进粒子群优化算法的区域水量水质联合配置模型 [J]. 水资源保护, 2022, 38 (3): 58-64.

[41] 王文君, 方国华, 李媛, 等. 基于改进多目标粒子群算法的平原坡水区水资源优化调度 [J]. 水资源保护, 2022, 38 (2): 91-96, 127.

[42] 刘彦哲, 方国华, 黄显峰, 等. 考虑不同生态需求层次的水电站水库生态调度研究 [J]. 水力发电, 2022, 48 (2): 1-7, 87.

[43] 陈学义, 方国华, 吴承君. 基于TIPSO的水电站优化调度研究 [J]. 人民黄河, 2020, 42 (6): 58-62, 67.

[44] 沈筱, 方国华, 谭乔凤, 等. 风光水发电系统联合调度规则提取 [J]. 水力发电, 2020, 46 (5): 114-117, 126.

[45] Tan Q F, Wen X, Sun Y L, et al. Evaluation of the risk and benefit of the complementary operation of the large wind-photovoltaic-hydropower system considering forecast uncertainty [J]. Applied Energy, 2021, 285.

[46] Kiss P, Janosi I M. Comprehensive empirical analysis of ERA-40 surface wind speed distribution over Europe [J]. Energy Conversion and Management, 2008, 49 (8): 2142-2151.

[47] 王森, 曾利华. 风速频率分布模型的研究 [J]. 水力发电学报, 2011, 30 (6): 204-209.

[48] 徐政, 刘滨, 熊强, 等. 多地区太阳能资源的监测与分析 [J]. 太阳能学报, 2020, 41 (10): 174-181.

[49] Bett P E, Thornton H E. The climatological relationships between wind and solar energy supply in Britain [J]. Renewable Energy, 2016, 87: 96-110.

[50] 丁士东, 曾平良, 邢浩, 等. 一种风光水一体化发电系统中长期多目标优化运行方法 [J]. 电力科学与工程, 2019, 35 (11): 17-25.

[51] 沈筱, 方国华, 谭乔凤, 等. 风光水发电系统联合调度规则提取 [J]. 水力发电, 2020, 46 (5): 114-117, 126.

[52] 闻昕, 孙圆亮, 谭乔凤, 等. 考虑预测不确定性的风-光-水多能互补系统调度风险和效益分析 [J]. 工程科学与技术, 2020, 52 (3): 32-41.

[53] 刘永前, 王函, 韩爽, 等. 考虑风光出力波动性的实时互补性评价方法 [J]. 电网技术, 2020, 44 (9): 3211-3220.

[54] 纪昌明，周婷，王丽萍，等. 水库水电站中长期隐随机优化调度综述 [J]. 电力系统自动化，2013，37 (16)：129-135.

[55] 刘攀，郭生练，郭富强，等. 清江梯级水库群联合优化调度图研究 [J]. 华中科技大学学报 (自然科学版)，2008 (7)：63-66.

[56] 石萍，纪昌明，李继伟，等. 基于规律的多年调节水库年末消落水位预测模型 [J]. 水力发电学报，2014，33 (2)：58-64.

[57] 方国华，林泽昕，付晓敏，等. 梯级水库生态调度多目标混合蛙跳差分算法研究 [J]. 水资源与水工程学报，2017，28 (1)：69-73，80.

[58] 方国华，曹蓉，刘芹，等. 改进遗传算法及其在泵站优化运行中的应用 [J]. 南水北调与水利科技，2016，14 (2)：142-147.

[59] Li F-F, Qiu J. Multi-objective optimization for integrated hydro-photovoltaic power system [J]. Applied Energy, 2016, 167: 377-384.

[60] Singh R, Banerjee R. Impact of large-scale rooftop solar PV integration: An algorithm for hydro-thermal-solar scheduling (HTSS) [J]. Solar Energy, 2017, 157 (nov.): 988-1004.

[61] Yang Z, Liu P, Cheng L, et al. Deriving operating rules for a large-scale hydro-photovoltaic power system using implicit stochastic optimization [J]. Journal of Cleaner Production, 2018, 195: 562-572.

[62] Opan M, Unlu M, Ozkale C, et al. Optimal energy production from wind and hydroelectric power plants [J]. Energy Sources, 2019, 41 (18): 2219-2232.

[63] Liu W, Zhu F, Chen J, et al. Multi-objective optimization scheduling of wind-photovoltaic-hydropower systems considering riverine ecosystem [J]. Energy Conversion & Management, 2019, 196: 32-43.

[64] Tan Q F, Wen X, Fang G H, et al. Long-term optimal operation of cascade hydropower stations based on the utility function of the carryover potential energy [J]. Journal of Hydrology, 2020, 580.

[65] Glasnovic Z, Margeta J. The features of sustainable Solar Hydroelectric Power Plant [J]. Renewable Energy, 2009, 34 (7): 1742-1751.

[66] Wang X, Virguez E, Xiao W, et al. Clustering and dispatching hydro, wind, and photovoltaic power resources with multiobjective optimization of power generation fluctuations: A case study in southwestern China [J]. Energy, 2019, 189: 116250.

[67] 王开艳，罗先觉，贾嵘，等. 充分发挥多能互补作用的风蓄水火协调短期优化调度方法 [J]. 电网技术，2020，44 (10)：3631-3641.

[68] 张歆蒴，陈仕军，曾宏，等. 基于源荷匹配的异质能源互补发电调度 [J]. 电网技术，2020，44 (9)：3314-3320.

[69] 熊铜林. 流域水风光互补特性分析及联合发电随机优化协调调度研究 [D]. 长沙：长沙理工大学，2017.

[70] Ghasemi A, Enayatzare M. Optimal energy management of a renewable-based isolated microgrid with pumped-storage unit and demand response [J]. Renewable Energy, 2018, 123 (AUG.): 460-474.

[71] Apostolopoulou D, Mcculloch M. Optimal Short-Term Operation of a Cascaded Hydro-Solar Hybrid System: A Case Study in Kenya [J]. Ieee Transactions on Sustainable Energy, 2019, 10 (4): 1878-1889.

[72] Yang Y, Zhou J, Liu G, et al. Multi-plan formulation of hydropower generation considering uncertainty of wind power [J]. Applied Energy, 2020, 260: 114239.

[73] Wang X, Chang J, Meng X, et al. Short-term hydro-thermal-wind-photovoltaic complementary operation of interconnected power systems [J]. Applied Energy, 2018, 229: 945-962.

[74] 李铁, 李正文, 杨俊友, 等. 计及调峰主动性的风光水火储多能系统互补协调优化调度 [J]. 电网技术, 2020, 44 (10): 3622-3630.

[75] 张梦然, 钟平安, 王振龙. 三峡水库发电优化调度分层嵌套模型研究 [J]. 水力发电, 2013, 39 (4): 65-68.

[76] Zhao T T G, Zhao J S. Joint and respective effects of long- and short-term forecast uncertainties On reservoir operations [J]. Journal of Hydrology, 2014, 517: 83-94.

[77] 王震, 鲁宗相, 段晓波, 等. 分布式光伏发电系统的可靠性模型及指标体系 [J]. 电力系统自动化, 2011, 35 (15): 18-24.

[78] 方洪斌, 王梁, 周翔南, 等. 水库优化调度与厂内经济运行耦合模型研究 [J]. 水力发电, 2017, 43 (3): 102-105.

[79] 李林峰, 唐海华. 溪洛渡水电站大规模机组群厂内经济运行实用化方法 [J]. 水力发电学报, 2016, 35 (5): 110-116.

[80] 沈圣, 黄炜斌, 李基栋, 等. 巨型水电站厂内经济运行及效益分析 [J]. 电网技术, 2015, 39 (9): 2478-2483.

[81] 黄显峰, 鲜于虎成, 许昌, 等. 考虑短期互补的水光发电系统中长期优化调度 [J]. 水力发电学报, 2022, 41 (11): 68-78.